JN326522

福島を 生きる人びと

故菅野重清さんの最期の言葉
（第1章の3参照） 2011年6月

豊田 直巳

岩波ブックレット No. 893

012年6月7日　相馬市

東京電力・東北電力共同出資の相馬共同火力発電所が　津波で流された松川浦の向こうに見える

田畑を掘り返し，表土を「汚染土」として袋詰めする除染作業．2012 年 7 月　川俣町山木屋地区

熊町上空

爆発し放射能漏れが止まらない福島第一原発3号機(右)，4号機の原子炉建屋．2012年4月

大熊町

震災から４カ月経って初めて津波の犠牲者の合同慰霊祭が町によって行われた．2011 年７月

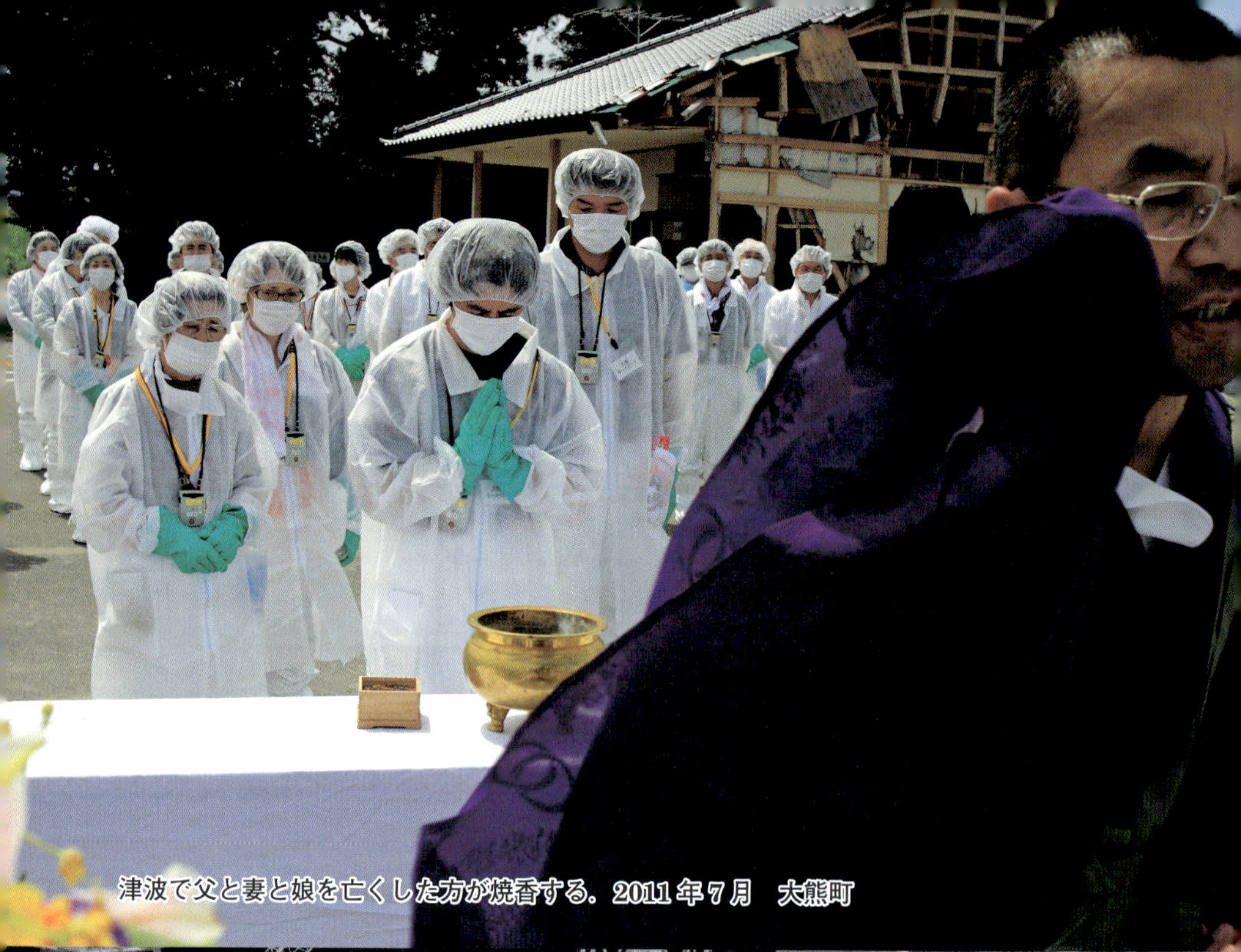

津波で父と妻と娘を亡くした方が焼香する．2011 年 7 月　大熊町

福島第一原発．手前に 4 号機の原子炉格納容器の黄色い蓋が見える．2012 年 4 月

緊急冷却に使い放置されたコンクリートポンプ車．2011 年 11 月　第一原発の駐車場

警戒区域に残され餓死したダチョウ楽園のダチョウ．2011 年 11 月　大熊町

警戒区域内の自宅に一時帰宅した際に墓参りした夫妻．2011 年 10 月　南相馬市

震災以降も津波被災地には漁船が残されていた．2012 年 12 月　浪江町

フェンスで封鎖された帰環困難区域の住宅街．2013 年 11 月　富岡町

稲刈りの終わった田んぼで冬を迎える準備をする農家　2013 年 11 月　福島市

警戒区域の中に津波の犠牲者の慰霊の場が作られていた．2012 年 12 月　浪江町

地震か津波で壊れたままの防波堤や橋．2012 年 12 月　南相馬市

除染で集められた汚染土などが山積みされている．2013年5月　富岡町

水田の「除染実証実験」で放射能汚染土を袋に詰める作業員．2012年6月　飯舘村

住民がいなくなった村にも雑草に混じって花が咲いた．2011 年 6 月　飯舘村

はじめに――忘却がもたらすもの

二〇一一年三月一一日に起きた東日本大震災、そして、それに伴う東京電力福島第一原発の過酷事故が引き起こした原発震災――あれから三年になろうとしている。それにもかかわらず、原発震災がもたらした問題は何一つ解決していない。

震災発生の翌日、私は福島県へ取材に向かった。高速道路は使えず、一般国道をガソリンを求めながら北上し、深夜にたどり着いた郡山市《こおりやま》。そこには現在も、数え切れないほどの仮設住宅が立ち並び、家族がバラバラにされたままの人びとが避難生活を送っている。

その姿は、かつて私が世界の紛争地を取材していた時に見た光景を思い起こさせる。何度も通ったレバノンのパレスチナ難民キャンプや、アフガニスタンから戦火を逃れてきた人びとが何年にもわたって暮らしていたパキスタンの難民キャンプ、あるいは世界から無視されるようにひっそりと避難生活を送り続けるネパールのブータン難民キャンプなどだ。

狭い仮設住宅の居間の窓を開け放って日向ぼっこをしていたお年寄りがぽつりと漏らした言葉が、いま現実のものとなろうとしている。

「帰りたいなあ。帰れないなあ」

彼女は誰に言うともなく、それを口にしたのだった。

震災から三日目の三月一三日に訪れた、福島第一原発が立地している双葉町《ふたば》。そこは、いつ住民が帰宅できるかという帰還時期の問題どころか、帰還可能性の有無すらも不明のままだ。三年前、緊急避難の途上で何人もの患者が命を落とした双葉厚生病院前では、私が持参した毎時一〇〇〇マイクロシーベルトまで測定できるガイガーカウンターの針が瞬時に振り切れてしまった。この時の驚きと恐怖は、今も脳裏から離れない。放射性ヨウ素やセシウム、テルルなどの放射性物質が辺りに充満していたのだ。

その双葉町から当初、埼玉県にまで避難していた町役場は二〇一二年にいわき市に再移転したが、それは「帰る」という言葉とはほど遠く、故郷からおよそ六〇キロメートルも離れているのが現実だ。二〇一四年四月には、震災以来、「臨時休業」していた双葉町立の小中学校を、やはりいわき市内に「開校」するという。双葉町での「再開」はできないからである。しかも、本来なら双葉中学だけで三学年一六六名の生徒数が予定されるはずが、開校される学校では幼稚園生、小学生、中学生を全部合わせても、実際には十数名しか見込めていないという。

このように原発震災の被害が何ら回復していない状況にあって、それを引き起こした側、被害を拡大させた側はどうか。

震災から二カ月になろうとしていた二〇一一年五月、計画的避難を指示された飯舘《いいたて》村を訪れた東京電力の清水正孝社長(当時)に、「これは天災か、それとも人災と考えているのか」と私は質問をした。彼は、小さい声で「人災です」と答えた。しかし、今も彼の刑事責任などは何ら問われないままだ。

彼だけではない。原発事故の際の住民避難に活用すべく開発されていたSPEEDI《スピーディー》(緊急時迅速放射能影響予測ネットワークシステム)が打ち出した放射能汚染の予測データは、今回の原発事故では、その存在さえも隠され、活用されることはなかった。その間にアメリカにはデータ提供がなされていたにもかかわらず、だ。しかし、首相官邸でも、福島県庁でも、その経緯や責任などは検証されず、闇に葬り去られてしまったかのようだ。

また、震災直後から、飯舘村などでは、「福島県放射線健康リスク管理アドバイザー」と称する「専門家」らが頻繁に訪れ、「(放射線の年間被曝線量は)一〇〇ミリシーベルトまで大丈夫」「何の心配もいりません」などと、被曝に対する「安全・安心」の言葉を住民たちに振りまいていた。しかし、飯舘村は高濃度の放射能に汚染され、二〇一一年四月二二日になって、国により「計画的避難区域」に指定され、全住民が避難することになった。にもかかわらず、「安全・安心」の言説を広めた「専門家」らは、何の責任も問われていない。

そして、まるで原発震災などなかったかのように、全国で震災以降止まっていた原発を再稼働させる動きが強まっている。そればかりか、トルコやベトナム、あるいはインドにまで、日本の原発を輸出しようとしている。いまだ過酷事故の原因すら明らかになっていないにもかかわらず、である。

二〇一二年一二月の衆議院選挙で自民党が圧勝し、安倍政権が誕生した。一三年七月の参議院選挙でも同様に圧勝し、いまや衆参をコントロールするに至っている。全国に五〇基以上もの原発を国策として作り続けてきた自民党が、震災からわずか二年のうちに政権の座に復帰したのだ。

安倍政権は憲法改正を公然と主張し、武器輸出三原則の緩和、集団的自衛権行使の容認など、憲法九条のもとで形成されてきた日本の安全保障政策を大きく転換させようとしている。そして、二〇一三年一二月六日には、市民の反対や慎重審議を求める声を無視し、特定秘密保護法成立を強行した。

強引な国会運営によって、同法案が可決されようとしていた時、国会議事堂参議院受付ロビーに一人の女性がいた。本会議議場からライブ中継される大きなテレビモニターを注視していた彼女は「可決」の瞬間、「この日を忘れはしない」と自らの意志を口にした。

彼女は、東京電力福島第一原発のある双葉町から遠く離れた青森県に、子どもたちを連れて避難していた。その青森からこの日、八時間かけて自分の運転する車で国会議事堂に駆けつけたという。彼女の暮らしを根こそぎ奪った原発事故は、この法によって、さらに闇の向こうに隠されてしまうのではないかとの不安が、彼女をこの場に駆り立てたのだ。

いま、福島を訪れると、多くの人たちから「福島を忘れないで」と言われる。おそらく、一度は解体されたかにみえた原子力ムラの面々によって、福島は「忘れさせられようとしている」のではないだろうか。そして、その「意図」に抗《あらが》うことなく、多くの人たちが忘却に向かっていることが、現在の日本社会の混迷を招いているのではないだろうか。

しかし、その忘却を強いるものに抗うかのように、原発によって暮らしや家族、そして郷里を奪われた人びとが今も福島に暮らしている。本書では彼ら、彼女らの呻吟《しんぎん》を記録させていただいた。それは現在も原発震災が続いているだけでなく、より深刻さを増しているからである。

第1章　原発事故が奪った命

原発事故で死んだ人はいないのか？

東京電力福島第一原発の事故から二年三カ月が過ぎた二〇一三年七月、政権与党、自民党の高市早苗《たかいちさなえ》政調会長は「爆発事故を起こした福島原発も含めて死亡者が出ている状況にない」と言った。そして、この発言がマスメディアで報じられ、広く批判を浴びると、翌日には国会内で記者たちにこう釈明した。「趣旨を取り違え報道されている」「安全基準は最高レベルを保たなければいけないと伝えたかった。誤解されたのであれば、しゃべり方が下手だったのかもしれない」

しかし、この発言の半年前に政権を獲得し、脱原発に向けて舵《かじ》を切ったはずの国策を、再び原発推進へと戻し始めた自民党政調会長の言葉は、「誤解」され、「趣旨を取り違えて報道された」ものなのだろうか。

この高市発言の前年の二〇一二年、つまり原発事故の翌年には、すでに同様の言葉が経済産業省主催の「エネルギー・環境の選択肢に関する意見聴取会」に「一般参加者」を装った中部電力社員から発せられていた。いわく「福島の事故で放射能の直接的な影響で亡くなった方は一人もいません」

これらの発言からは、一四万人もの人びとの暮らしを奪い、地域を崩壊させつつある原発事故に対する反省のひとかけらも感じられない。

確かに、福島第一原発が爆発したときは民主党政権下だった。しかし、言うまでもなく、日本の原発は自民党政権下で建設され続けてきたのである。

原子力ムラの住人に民主党の国会議員がいたことは否定しない。しかし、その原子力ムラを作り上げたのは、利権と票を目当てとした自民党長期政権ではなかったのか。自民党政調会長の発言は市民やマスメディアに「誤解」されたのではけっしてない。原発の再稼働、再推進のために、事故を小さく見せたいという意図が正確に理解されたがゆえに、批判を浴びたのではないのか。

たとえば、警戒区域となった浪江《なみえ》町に暮らしていた五十嵐栄子さんが、怒りに震えながら発した以下の言葉を、彼らはどう聞くのか。

「原発で亡くなった方がいない」ということは、私もテレビのニュースで見ました。「いない」と言うのは、何を思って、何を確証として言ってるのかな……。事実こうやって（夫が）亡くなっているんです。うちなんかはやっぱり大黒柱だったから、いなければ本当に私だって困るわけですよ。夫の親なんかも抱えて生活していましたし。あの三月一一日の震災、そして一二日のあの原発事故。あの事故さえなければ、私たちは……」

二〇一二年九月、五十嵐栄子さんは今は亡き夫の五十嵐喜一さんの遺影を胸に抱えて福島地方裁判所の法廷に立った。事故から約四カ月後、喜一さんは、避難先から警戒区域内の自宅に一時帰宅した後、自ら命を絶った。その喜一さんの無念や、喜一さんを死に至らしめた責任を東京電力に問うためである。

放射能がもたらす被害は、放射線がＤＮＡを破壊するといった生理学的な健康被害だけではない。暮らしをまるごと破壊することによって、人びとの心の健康も奪ったことを忘れてはなるまい。

そして、崩れ去った安全神話を再び振りまく自民党政調会長や電力会社社員の文字通りの心ない言葉は、残された遺族の心を今も傷つけ続けている。

1　「生きてきた証し」を踏みにじられて

舅の変化

「文雄さんは煮物が大好きなの。煮物があれば他には何もいらないっていう人で」

こたつに入った大久保美江子さんは遠くを見るように言った。大根やごぼうなど根菜とイカや薩摩揚げ、あるいは煮玉子などで毎日のように煮物を作っていた、と微笑《ほほえ》みながら語る。二〇一三年三月のことだ。「あの日」からすでに二年になろうとしていた。

だが、大久保さん宅の居間のこたつの向かいにある大きな窓の外には、以前と変わらないような飯舘村の冬枯れた景色が広がっている。

「その晩は、煮物を私のところに戻すのね。「どうしたの。煮物好きでしょう。なんで食べないの」って私、文雄さんに言ったの」

二〇一一年四月一一日の晩御飯の様子を、美江子さんは今でもはっきりと覚えている。その晩、美江子さんは舅《しゅうと》の文雄さんと息子の佳則さんの三人で食卓を囲んでいた。美江子さんの夫、和夫さんはこの年の二月から末期の膵臓《すいぞう》がんで入院していた。美江子さんはこたつの食卓にアジフライと、いつものように文雄さんの好物の煮物を並べた。

ところが、その晩に限って文雄さんは「今日は、これいい」と言って、その煮物を美江子さんのほうに差し戻したという。変だなと思いながらも美江子さんは「今日はいいって、いつ食べるの？　明日も出すよ、いま食べないと」と言ったが、文雄さんは「でも、今日はいい。こっちので」と応えた。そして、アジのフライに箸を伸ばしたことを美江子さんは思い出す。

知らされなかった「被害」

そのちょうど一カ月前の三月一一日の午後、美江子さんは、飯舘村に隣接する南相馬《みなみそうま》市の病院に入院している夫の和夫さんを見舞った。その帰り、同市内に嫁いだ娘とその息子の三人で、スーパーで買い物をしていた。その時、パン売り場を表示するプレートが揺れた。なんだろうと思うと同時に地面が揺れ出した。すぐに揺れは大きくなり、立っていられない客もいた。酒瓶などが棚から落ちて割れる音が響く。美江子さんも恐怖を感じた。店内アナウンスが流れ、買い物カゴをその場に置いて外に避難するように、と伝えた。

スーパーの外に出た美江子さんは、地震が収まると娘の車で自宅のある飯舘村に急いだ。家には、一〇二歳になる舅の文雄さんが一人で留守番をしているはずだった。しかし、自宅に戻ってみると、築三五年にもなる家は屋根瓦《がわら》すら落ちていなかった。扉を開けると、珍しくその日が夜勤だった息子の佳則さんが、まだ家に残っていた。

「何か、壊れたものある？」と問う美江子さんに、佳則さんは「ううん。急須と湯のみ茶碗だけ」と苦笑いした。美江子さんが感じた揺れの大きさに比べて拍子抜けするほど、家の被害は少なかった。一階の自宅で寝ていたという文雄さんは「たいしたことなかったな。ちょっとグラッて揺れたっけな」と、けろっとしている。花崗岩《かこうがん》の頑丈な地盤が地下に広がるという飯舘村では、南相馬で美江子さんが感じたのと比べると予想外に小さい揺れしか起こらなかったようだ。

しかし、翌日以降、村の中心部を走る県道一二号線は、南相馬市側から来る車が数珠つなぎになった。福島第一原発が爆発し、原発から二〇キロメートル圏内に避難指示が出されたからだ。二〇キロメートル圏内に入る南相馬市の小高《おだか》区などから避難者が押し寄せてきたのだ。そして、原発から直線距離で三〇キロメートル以遠の阿武隈《あぶくま》山地に広がる飯舘村は、避難者の受け入れに奔走することになる。

美江子さんも婦人会の役員に「みんな炊き出しなどをやって」と呼びかけられ、友人の車で村の公民館「壱番館」に向かった。しかし、この日、三月一二日は、全村から手伝いが駆けつけ手数が余ったので、役場職員は手伝いの地区割りをした。結局、この日、美江子さんは同じ地区の友人たちと帰宅したが、この時集まった人から原発事故の話を聞いた。それまで停電によってテレビが観られなかった美江子さんは、原発事故が起きたことを知らなかったのだ。

津波被害のことは、前日の夜勤出勤前に父親を見舞った息子から聞いていた。息子は父親が入院する病院のテレビで観たと、一一日の晩には美江子さんに教えた。巨大地震と津波で息子が勤める会社は夜勤を中止し、息子はそのまま帰宅したのだ。

三、四日続いた停電の間、電気炊飯器の使えない美江子さんの元には、南相馬市から娘がおにぎりを運んでくれた。娘の家は避難指示区域外にあった。その一方で、美江子さんは、自分の地区の婦人会が当番となった日に、南相馬市などからの避難者の救援に参加した。その際に、溢《あふ》れるような数の避難者を見て、大変なことが起きたと驚きつつも、「ここは何にも被害はないんだ。じゃあよかったよね」と近所の奥さんたちと話していた。

そう思っても無理はない。テレビが観られず、新聞も配達されなくなっていた。そもそも国の避難指示や屋内退避指示などは三〇キロメートル圏内に限られており、村からはそうした指示は出されなかった。村当局に政府や福島県から情報が寄せられることもなかった、とその頃、菅野《かんの》典雄《のりお》村長も言っていた。

高濃度汚染地帯と化してしまった村

ところが、飯舘村にも放射能は襲いかかった。三月一五日、放射性物質を大量に含んだ放射能プルーム(雲)が南東の風に乗って流れ込んだ。しかも折悪く、その日の夕刻から雪が降りだした。雪は大量の放射性ヨウ素やセシウム、ストロンチウム、さらにはプルトニウムまで飯舘村の大地に降り落とした。村役場近くに設置された線量計が毎時四四マイクロシーベルトを検出したことが記録に残っている。この時、住民約六三〇〇名の村には一四〇〇名にも及ぶ避難者が村外から駆け込んでいた。

飯舘村は、放射能の高濃度汚染地帯と化してしまった。しかし、村の対応は遅れる。栃木県鹿沼《かぬま》市へ向かう「自主避難」のバスを村が用意したのは、三月一九日。すでに大半の住民は被曝してしまっていた。この時、被曝を逃れたのは、原発爆発や放射能の危険性についての情報を様々なルートで入手し、いち早く自主避難した人びとだけだ。

二〇日には、村の簡易水道から基準値の三倍もの放射性ヨウ素が検出され、村は各戸にペットボトルの飲料水を配った。さらに翌日には、ほうれん草などの葉物野菜や酪農の原乳が出荷停止に追い込まれた。こうして村人も飯舘村の放射能汚染が深刻なことを次第に理解することになる。美江子さんの知人の中にも山形県などに避難する者が出始めた。

会津に避難すると挨拶をしに親戚がやって来た。美江子さんも「新潟辺りにでも住宅を借りるしかないなあ」と口にした。すでに夫の和夫さんが原発事故に伴い、病院の手配によって新潟県村上市の病院に転院していたからだ。

文雄さんは、美江子さんと親戚との会話を聞いていた。そして「じいちゃん(自分)も連れて行くのか」と美江子さんに聞いた。一〇〇歳を超える高齢者を誰にも預けることができないことを美江子さんも承知していた。また文雄さんも、嫁の自分と一緒だったら文句はないだろうと思った。美江子さんは「行く時は一緒だ」と答えた。すると、文雄さんは「うんだ。母ちゃんと一緒だからな。母ちゃん、世話になるな」と言い、「すまねえな、すまねえな」と繰り返した。

美江子さんは「じいちゃんはボケているわけでもないし、杖《つえ》をつけば自分で歩けるんだし」と、避難する際には文雄さんを連れて行くのは当然と考え、苦にも思わなかった。

しかし、実際には美江子さんだけでなく多くの住民が村には残っていた。三月二五日には、県から派遣された「専門家」が講演し、「子どもが外で遊んでも大丈夫」などと「安全」のお墨付きを与えていた。二九日に独自に汚染を調査した京都大学原子炉実験所の今中哲二《いまなかてつじ》助教のグループは、翌日には高濃度汚染の実態を解析していたが、村長からは公表を待ってくれとの要請を受けている。四月に入ると、再び県から派遣された「専門家」が「安全・安心」をふれ回り、疑心暗鬼になっていた村人をなだめた。

「俺、少し長生きしすぎたな」

ところが、原発事故から一カ月目となる四月一一日、飯舘村は、隣接する川俣町山木屋《かわまたまちやまきや》地区などとともに国から計画的避難区域に指定されることが明らかになった。

その夕刻、昼寝から起きて居間に入って来た文雄さんは、大震災以来休止しているデイケアセンターにでも出かけるかのように着替えをしていた。美江子さんは不思議に思い、「どっか行くの？」と聞いた。文雄さんはいつものように、にっこり笑っただけだった。「普段着は汚れたの？　汚れたなら、私、洗濯するよ」と声をかける美江子さんに、文雄さんは「いや、ちょっと着てみっかなって思って」と言った。変だなとは思いながらも美江子さんは、それほど気にしなかった。

そして、美江子さんはアジのフライと文雄さんの好物の煮物を用意し、夕食の準備を整えた。しかし、文雄さんが煮物に手を付けなかったことは前述したとおりだ。

美江子さんは奇異に感じつつも、文雄さんがアジフライで夕飯を完食したこともあって、それ以上詮索《せんさく》しなかった。佳則さんも何も気がつかなかったようで、食事を終えると自室に向かった。夕食を片付けたこたつの向こうではいつもどおりにテレビがついていた。ただ、いつもと違ったのは、飯舘村が計画的避難区域に指定されることをニュース番組が報じていたことだ。

こたつに入ってそれを観ていた文雄さんは「何だ、飯舘村、避難しなきゃならないのか」と美江子さんに声を掛けた。「テレビで、いま言っている」と続けた。会津に避難する親戚との話を聞いた際には、「すまねえな」と繰り返した文雄さんは、テレビで飯舘村の全村避難指示が報じられると、一〇〇年あまり暮らしたこの家に住めなくなると実感したようだった。美江子さんは「テレビで言ってるんだったら、間違いないんだろうね」と答えた。すると文雄さんは前言を翻《ひるがえ》すように「俺さ、どこにも行かねえ。行きたくねえな」と言った。

しかし、夫が新潟の病院で末期がんと闘っており、美江子さんは自分が決断しなければならないことを知っていた。「でも、行く時はみんな一緒なんだよ。村から出ろって言われた時には、出なきゃならないんだよ、ここは。最後まで何とか居るけれども、そんでもみんなが出て、誰もいなくなったら居られないんだよ、ここに」と説得するように話した。それを聞いて文雄さんはぽつりともらした。

「俺、少し長生きしすぎたな」

そして、「俺は、ここを出たくないな」と何度か独り言のように繰り返すと、それきり黙ってしまった。午後九時少し前、文雄さんは居間のこたつを出ると、いつものように自分の寝室に入って行った。

その後、美江子さんはテレビを観てから、寝る前に風呂に入ろうと居間を出て廊下に立った。そこで、寝ていたはずの文雄さんがトイレに入ろうと自室から出てきたところと鉢合わせした。この時、文雄さんが昼間と同じく、外出するかのように身支度を整えたままであることに気がついた。不思議に思いながらも、やはりそれ以上深く詮索はしなかった。

「まさか、そんなことを考えているとは夢にも思わないから」と、そのまま寝てしまったことを美江子さんは今でも悔やんでいる。

「あの日」のこと

そして、「あの日」は訪れた。翌朝、美江子さんは普段通り朝食の準備をしたが、文雄さんはいつもの時間には起きてこなかった。NHKの連続テレビ小説(「朝ドラ」)が始まる午前八時前には起きてくるはずなのに、その朝に限って居間に顔を出さない。

四月上旬でも、阿武隈山地の真ん中に位置する標高の高い飯舘村の春は遅く、日中は暖かくなる日でも朝夕は冷え込んだ。「今日は寒いから起きないのかな」と思った美江子さんは、「朝ドラ」を観てから起こしに行こうと考えた。

八時一五分に「朝ドラ」が終わっても、文雄さんは起きてこない。変だなと思いながら美江子さんは文雄さんの部屋の前まで行き、「じいちゃん、ご飯だよ」と声を掛け、冷めた味噌汁を温め直しに台所に立った。

しかし、それでも文雄さんは起きてこない。美江子さんはもう一度、文雄さんの部屋に行き、今度はドアを開け、声を掛けた。ところが、文雄さんの姿は見えず、代わりに丁寧に畳まれた布団が見えた。後で思えば、普段は布団も寝起きのままだが、この時はそのことに思い至らず、自分が台所に立っている間に文雄さんが起きたのだろうと思った。

「いつの間に」と思って、美江子さんは居間に戻った。しかし、こたつに文雄さんはいなかった。文雄さんは、暖かい日には庭の水道で顔を洗うのが習慣だった。その朝は寒かったが、美江子さんは外に出てみた。しかしそこにも文雄さんの影はない。さすがに、美江子さんは高齢者の文雄さんに何かあったのではないかと不安を覚えた。

家の中に戻り風呂もトイレも捜すが、どこにも見当たらない。もう一度、文雄さんの部屋を覗《のぞ》いた。今度はドアを勢いよく開け、「何してんの？」と声を掛けた。その時、部屋の奥に足だけが見えた。

部屋に入ると文雄さんは足を伸ばし、「ちゃんとした」姿で座っていた。美江子さんは「何してんの、そんなとこで」と声をかけたが、文雄さんはそれには答えなかった。ただ首を横にかしげ、手を前に組んで微動だにせず座ったままだった。

文雄さんの部屋には、美江子さんの姑《しゅうとめ》である文雄さんの妻が嫁入りに際して持参した古いタンスがある。そのタンスに背中を凭《もた》れるような格好で文雄さんは座っていた。「何やってんのよ」ともう一度声を掛けながら、文雄さんの手に触れた。その手は、すでに冷たかった。

「何でこんなことをしたの。どうしたの」と美江子さんは冷たくなった文雄さんに声を掛けたと思うが、その記憶ははっきりしない。ただ放心したようにその場で三〇分くらい座り込んでいた自分を思い出す。

　文雄さんは、掛かり付けの薬局でもらう薬を入れるレジ袋を何枚か繋《つな》ぎ、タンスの上から二番目の取っ手に結び、そしてそれを自分の首に巻いたことが後からわかった。文雄さんは、そこに一〇二歳の自分の全体重を掛けたのだ。「ああ、この人は、自分で最期《さいご》の道を選んだんだろうな」と美江子さんは今は思う。

「生きてきた証し」を捨てる苦悩

　計画的避難区域に指定された飯舘村には、もう誰も住んでいない。しかし、美江子さんは避難先のアパートでは飼えない犬の餌やりを名目にときどき村に帰って来る。

　居間のこたつは、巨大地震と原発事故に見舞われた様子さえうかがえない二年前のままだ。しかし、居間の仏壇の上には、舅の文雄さんと夫の和夫さんの遺影が並んでいる。

「（避難先の）アパートにもちゃんと写真があるんだけれど、黒い縁どりの小さい写真を持っていったら、息子が嫌だって。だから、旅行に行った時の写真を入れるようなフレームに入れて飾ってあるんですよ、いま。そしたら、息子も「お父ちゃん、おじいちゃん」って話しかけるのね。息子も亡くなったってことを認めたくないんだろうなって。だから、ここの写真も黒い縁どりをやめて、綺麗なフレームに入れてあげようかなって、いま、そう思っているんですよ」と微笑んだ。

　そして私の座っているこたつの席を指すと、「そこがこの家で一番いい席。そこからの景色が一番いいって、文雄さんはいつもそこに座って外を眺めていたの」と続けた。そこからは、アルミサッシの窓越しに、文雄さんの満一〇〇歳のお祝いに村から贈られたハナミズキの木が正面に見える。

「どんなことをしても、村を出たくなかったんだろうなって。ここはおばあさんと暮らした家だし、思い出がいっぱい詰まってるから。やっぱりここは自分が生きてきた証しみたいなものがいっぱい詰まっていたんじゃないかな。今はそう思うことで納得することにしたんです」

そう言う美江子さんだが、納得しているというより、強いて自分にそう言い聞かせているのだろう。体で感じることのできない放射能によって、命が奪われることなど納得しようがないのだから。

文雄さんが自殺して一カ月半後、「福島に帰りたい」と言って病室で泣いた夫の和夫さんも新潟で息を引き取った。父親の文雄さんの死も知らないままに、和夫さんは「もし自分が亡くなったら、ここで火葬して村に戻してくれ」と、末期がんの痛みの中でも飯舘村への望郷を最期まで口にしたと言う。

「どん底にあると思った時、人間は涙なんか出ないんだな、と思います。ふっと心に余裕があると涙って出てくるのかなって。おじいさんの時もそうだったけれども、和夫さんの時も、涙は出なかったですね」

「どん底」にほんの少しだけ慣れたのか、慣れさせられたのか、美江子さんには今になって葛藤がわき上がる。義父の死、夫の客死とも言える「異郷」での死をそのままにしていていいものか、どうかと。

「文雄さんに、もうちょっとの時間を、天寿をまっとうするまでいて欲しかったかなって。せっかく一〇二歳までいたんだもの。私が嫁に来てからここまで生きてきたんだから。せめてあと三年か四年。もうちょっといてほしかったかなって」

2　喪失の果てに

突然の避難生活

「いやあ、喜んでましたよ。やっぱりね」

二〇一一年六月一二日に福島市へ避難して以来、約三週間ぶりに自宅に戻った渡邉はま子さんの笑顔を、夫の幹夫さんは今でも思い出す。

「女房はアパート暮らしに慣れてないものですから。近所にすごく気を遣うやつだったもので」

渡邉はま子さんと幹夫さんの生まれ育った川俣町山木屋地区は、原発事故当時、三六四世帯一二五二人が暮らしていた阿武隈山地の寒村だ。二人は近所の幼なじみ同士で結婚し、そのまま山木屋で子どもを産み育て、二人で働いてきた。だから、はま子さんも幹夫さんも都会暮らしをしたことがなかった。

ところが、二〇一一年四月、山木屋地区は計画的避難区域に指定され、すべての地域住民が故郷を追われることになった。隣接する飯舘村と同様に高濃度の放射能汚染地帯と化してしまったからだ。

実は、幹夫さんも妻のはま子さんと二人の息子を連れて原発事故直後に避難していた。震災に伴って停電となっていた家の電気は三月一四日には復旧。つけたテレビに、煙を上げる福島第一原発三号機の映像が映し出された。しかも、家のすぐ近くを通る国道一一四号線は原発に近い浪江町の沿岸部から避難する車で大渋滞を引き起こすほどになっていた。

幹夫さんは、一五日の朝に農機具などに残っていたガソリンを集めて福島市に逃げた。その日は車の中で一夜を明かした。翌一六日には何とか磐梯《ばんだい》町の体育館に開設された避難所に入ることができた。

しかし、避難所で数日を過ごすうちに、山木屋地区の人びとが自宅に戻りつつあるとの話が聞こえてきた。そこで、渡邉さん一家も様子を見るために自宅に帰ったという。

この時、まだ政府のＳＰＥＥＤＩによる放射能拡散予測図は隠されており、見た目では、山木屋の風景に何らかの変化があったわけではない。ただし、渡邉さん夫妻が勤めていた会社の「山木屋農場」では、養鶏用のヒナの出荷が停止となっていた。農場は、鶏肉用の鶏の卵を孵化《ふか》させて、飼育農家などに出荷する、「孵卵《ふらん》業」と呼ばれる仕事をしていた。

「廃棄やね。残っているものは処分に出したんですよ。この原発事故で、福島県産のものはダメだって。お客さんから注文がストップされてしまったものですから」

山木屋地区に四カ所あったという孵化したヒナの育成舎も閉鎖に追い込まれた。しかし、二人は同僚とともに、出荷できなくなったヒナを処分し、それが終わると残務整理を続けるために自宅から職場に通った。新築間もない家には、会社員と高校生の息子も一緒にいた。

山木屋地区も飯舘村と同様に、四月一一日に計画的避難区域に指定されることが発表されるまで、放射能の危険性が住民に知らされることはなかった。

最終的に、福島市内にアパートを借りられ、夫妻が引っ越したのは六月一二日のことだった。しかし、引っ越したアパートは狭いだけでなく、隣の部屋の音も聞こえてくる。周辺に知人などはいない。日課だった野菜の世話をする畑はもちろん、花好きのはま子さんが愛《め》でる花を植える場所すらなかった。さらに、山木屋では聞こえない車の騒音ばかりが気になった。そのうえ、職を失った不安と、別々に暮らすことになった息子たちへの心配が重なった。

「いつも泣きじゃくってましたねえ。これから、どうすっぺって。子どもたちだって、一緒に四人で生活してたのがバラバラに。「本当に子どもたちは飯食ってんのか、飯食ってないのかな」と」

幹夫さんは、はま子さんの言葉や様子を思い出す。長男には電話で「寝て、朝起きて。目が覚めない方が楽だ」とさらに深刻な話をしていたという。

突然の生活環境の激変、仕事も住む家も子どもたちと一緒の暮らしも失った喪失感、そして将来にわたってまったく見通しの立たない避難生活の不安。妻のはま子さんは精神のバランスを崩していった。

火ぼえ

そんなはま子さんを見かねて幹夫さんは、山木屋の家に一時帰宅に連れ出した。

「いやあ、喜んでましたよ。やっぱりね」

しかし、はま子さんはこうも言ったという。

「明日、本当に帰んのかい。私は帰りたくないから。私は一人でここに残っから、あんた一人でアパートに帰りな」

この時、幹夫さんは、その意味を深く考えなかった。しかし、一年経ってみると自分もそんな気持ちになるという。いま住んでいる仮設住宅から山木屋の自宅に案内してくれた幹夫さんはこう言った。

「こうやって家に帰ってくると、一時帰宅中に自殺する人の気持ちがやっぱりわかりますよね。本当にもう仮設住宅やアパートに戻りたくないっていう気持ちがね。それと、こんなに家の周りも荒れちゃったんだという残念さっていうのかな。住んでた時と景色がまるっきり違っていますから」

しかし、その時はまだ、はま子さんの言葉通りになるとは思いもしなかった。元々は農家だった渡邉家だが、幹夫さんもはま子さんも勤めに出ていたから農業といっても自家用だ。それでも田舎なので、野菜用のビニールハウスも備えた広い畑と田んぼもあった。

騒音に悩まされ、隣近所に気を遣うアパート生活から久しぶりに解放されたはま子さんと幹夫さんは、我が家で夕食をとり、そのまま泊まった。翌早朝から幹夫さんは夏草に覆われた田畑や庭の草刈りに精を出した。そして、家の下にある畑と畦《あぜ》の草刈りを終えて、はま子さんが好きだった花が植えられた庭の隅に来た時だった。

「ちょうどその先の桜の木の下辺りに、大きな木がありますよね。あそこにものすごい火ぼえが見えたんですよ、背丈くらいの。何だべなあと思って。女房が古い布団でも整理するために、灯油か何かを掛けて燃やしてるんだとばっかり思ったんですよ。だから、別に気にもとめないで」

庭先の手前、国道に通じる未舗装の私道の脇には、葉を茂らせた広葉樹が見える。そこで炎を上げる火は弱まる気配がない。「別に燃え移ってもなかったんで」と草刈りを続けた幹夫さんだが、やはり気になって火を確かめに木の下に行ってみた。妻が布団でも燃やしているのだろうと思っていた炎は、しかし、はま子さん自身だったのだ。

「その辺まで行ったら、もうあの……。焼けこげていました」

やっと他人に語れるようになったのだろう。それでも、幹夫さんは、そこまで言うと一度言葉に詰まった。そして自分の腰の辺りを指差して「まだ、この辺とあと、足と。両足にまだ火がついてましたね」と続けた。幹夫さんが草刈りをしている間に、はま子さんは暖房用の灯油を持ち出し、自らそれをかぶって火をつけたのだった。

「慌てて素手で消そうとして、自分もちょっと火傷しちゃったんですけど。その時にはもう固くなってましたね」

そう話すと、渡邉さんは手にしたハンカチを強く握り締めた。

妻が握った手

「原発事故前の集落はもうないですよね。まあ、どこの町村も同じかもわかんないけど、もうかなりバラバラになっちゃうんじゃないですか。年寄りばかり戻っても暮らせないですよね。戻ってみても何も作れないし、畑も作れないね。田んぼも作れないんでは、ここに戻ってくる意味すらなくなっちゃいますよね。まあ作ったものだって、野菜ですら孫たちには食わしたくないから」

それは幹夫さん一人だけの思いではない。それでも、自分が生まれ育った山木屋にときどき帰ってくる。「家に風を通すため」に。しかし、その大きな家に家族はいない。そればかりか、すでに生活のにおいは感じられなかった。「浄蓮慈鏡清大姉」と戒名の書かれた大きな盆提灯《ぼんちょうちん》の掛かる無垢の白木の祭壇が、よりいっそう人の気配を奪っているのかもしれない。

　そのひっそりとした床の間を備えた広い畳の間の祭壇の前で幹夫さんは、最期の夜のはま子さんの様子を思い出した。

「夜中の一時頃にトイレに起きて、自分が寝ようとした時に、女房が自分の腕をつかんで離さなかったんですよ。そして、言葉をかけたんだったかどうか。それはちょっと覚えてないんですけど、そのまま手を握って寝たのは覚えてるんです」

3　「原発さえなければ」を遺して

一周忌

「父ちゃん、母ちゃん、いなくてよかったなって」

佐藤靖子さんが、そうぽつりと口にすると、姉の城坂ハルコさんも相槌を打った。

「思ったねえ。それ思ったな。死んでてくれてよかったって。そんだけ思った。弟がそげなことしたってわかったら、もう怒るだろうなって」

　相馬《そうま》市玉野地区という寒村にある妙法寺。その屋根を梅雨の雨が叩く。

　弟とは、二〇一一年六月に五五歳で命を絶った菅《かん》野《の》重清《しげきよ》さんのことだ。酪農家の重清さんは、原発震災が発生する前年の一二月に増築したばかりの堆肥《たいひ》小屋で自殺した。その堆肥小屋の壁に「原発さえなければ」（目次ページの写真）と書き残していたことは、私の前著『福島　原発震災のまち』（岩波ブックレット）でも紹介した。重清さんの一周忌、二〇一二年六月に、私は再びここを訪れた。

　重清さんがチョークで書き残した遺言とも言える言葉にはこうもあった。

「仏様の両親にも　もうしわけございません」

　その重清さんの次姉の城坂さんは、その白い文字を思い浮かべるように言った。

「親たちは、満州（中国東北部）から引き揚げてきて、何十年もかけて開拓した。私なんかその時ね、まだ小さかったんだけどねえ。忘れない」

重清さんの亡くなった翌日にその小屋を訪ねた時、そこには最後まで堆肥を攪拌《かくはん》していたと思われるフォークが突き刺さったまま残されていた。牛糞の搬入口の三和土《たたき》には、干し草を丸めてラッピングした大きなサイレージ（家畜用干し草）が一つ置かれていた。警察の検証に立ち会った重清さんの友人は、重清さんがそのサイレージを踏み台にして、鉄骨の梁《はり》に掛けたロープに自らの体を預けたのだろう、という警察の見立てを話してくれた。

当時、弔問に訪れた地元選出の与党・民主党の国会議員に向かって、末姉の佐藤靖子さんはやり場のない怒りに震えていた。

「ここに来た時、両親は本当に苦労したんです。だから弟も、ああいうことを書いたんだと思うの」

繰り返される「棄民」政策

菅野姉弟の両親は、日本の敗戦によって旧満州、中国東北部から引き揚げ、この場所に入植した。当時は僻村《へきそん》だったという。靖子さんは、東京オリンピックが開催された一九六四年に、まだ電気が引かれていなかったことを覚えている。敗戦からすでに二〇年近くを経ていたにもかかわらずだ。

玉野地区は、戦後の食糧難と呼ばれた時代に入植した農民によって拓《ひら》かれた土地である。開拓五〇年を記念した石碑にはこうある。

「戦後の開拓事業は敗戦日本祖国再建の為国策の一環として緊急開拓が叫ばれ開拓事業に着手、民族生存の基となる食糧増産が開始された。

伊達郡霊山町の有志である若者達が先遣隊として、昭和二十一年この地に踏み入り、その後外地からの引き揚げ者など入植した。

同志百二十二名の拓友一同は一身同体、相互扶助の精神で生命の限りをつくして山野に開拓の鍬を降ろし、風雪五十年の厳しい自然条件と戦いながら幾多の変遷を経て高冷地農業の悪条件を乗り越えて新しい村づくりに努力して今日の繁栄を見るに至りました」

重清さんたちの両親は、いわば日本国家によって繰り返されてきた「棄民」政策の犠牲者である。一度目は、農村経済の疲弊した東北から「口減らし」

と「国防」という名のもとに、植民地支配の尖兵として満州へ「棄《す》て」られた。そして、二度目は、敗戦によって植民地政策の失敗が明らかになると、電気もない山中へと「棄て」られた。

それでも両親の苦労を見て育った一人息子の重清さんは、両親の起こした酪農を継いで、四〇頭近くの乳牛を飼育する「菅野牧場」にまで発展させた。しかし、またしても日本国家は菅野家を「棄民」にした。

国策として推進した原発の過酷事故によって、この地域一帯もまた高濃度の放射能汚染地帯と化してしまった。事故から一〇日目の三月二〇日には原乳の出荷制限が国から指示されたが、その被害に伴う補償や賠償の話はまったくなされなかった。

多くの酪農家は、自転車操業で事業を営んでいる。重清さんも例外ではない。堆肥小屋を増築したばかりの重清さんは、すぐに大工への支払い交渉につまずいた。しかも、原発は重清さんを経済的に追い込んだだけではなかった。家族も離散に追い込んだのだ。

家族の離散

次姉の城坂ハルコさんが思い出す。

「フィリピンに強制出国しなくちゃなんない時も、急に決まったのね。(原発事故の危険度が)レベル7になってから急に」

原発事故と放射能の拡散を受けて、フィリピン政府はいち早くチャーターの航空便を用意した。福島に暮らすフィリピン人とその子どもたちの避難をサポートするためである。

フィリピン出身の、重清さんの妻バネッサさんにも出国を勧める連絡が入った。しかしその時、バネッサさんは帰国するつもりはなかったという。重清さんと子どもたちと暮らす玉野地区は、福島第一原発から五〇キロメートル以上も遠隔の地である。そして行政的にも相馬市に属する。ここでも、地域全体が高濃度の放射能に汚染されてしまったことを人びとが知る由はなかったのである。

確かに、三月二〇日から、搾《しぼ》った原乳は福島県全域で出荷制限されていた。ただし、相馬市内の酪農家から採取されたサンプルから放射性物質が検出されたわけではない。

しかし、この玉野地区は飯舘村に隣接し、飯舘村同様に放射能雲に晒《さら》された。雪が降った大地は、放射性ヨウ素やセシウムなどでひどく汚染されてしまった。それが明らかになるにつれて、にわかに住民は危機感を強めた。バネッサさんもその一人だった。

そこに東京の在日フィリピン大使館からバネッサさんにも電話がかかってきた。子どもたちと一緒に無料で乗れるフィリピン政府派遣の救援機は、これが最終便だという。

「四月一〇日だったかしら、弟から電話が来た時にはバネッサの帰国の話はなかったの。それが一五日に、「いま郡山にいるんだ」って、また弟が電話を寄こしたんです」

郡山市に嫁いでいる城坂ハルコさんはその時のことを覚えていた。

「「急いで帰るから」って言うのね。「あんた何にも、寄らずに帰るの」って言ったら、「パスポート取りに来た」って言うの」

フィリピンには帰らないと言っていた妻バネッサさんの急な翻意に重清さんは驚いたようだが、反対はできなかった。重清さんの家から直線距離で数キロメートルと離れていない飯舘村が放射能汚染による計画的避難区域に指定されたことが、すでにニュースなどで報じられていた。また、玉野地区の汚染も明らかになってきていた。この時、重清さんの二人の息子は五歳と七歳。放射能の影響は幼い者ほど強く受けるといった情報も耳に入っていたはずだ。

「初めは、子どもたちは「フィリピンに行かない」って言っていたのが、急に行くことになって。弟にはショックだわね」とハルコさんが続けると、靖子さんは「そんでも、子どもたちのことを思ったら、バネッサと一緒にフィリピンに避難することを止める理由もないだろうからな」と言った。

城坂さんも頷《うなず》きながらも「放射能も……。それに、フィリピンに子どもたちが行った次の日が小学校の入学式だったのね。本当に入学式を楽しみにしてたのに」と残念がった。だから、弟の重清さんまでも、避難した妻子を追って「フィリピンに行っちまうような気もしてたんですよ」と言う。

その予感は当たった。重清さんはフィリピンに向かった。

「本当にフィリピンに行った時は、帰ってこないと思いました」とハルコさんは振り返る。

本人不在のまま閉じられた酪農の歴史

重清さんは四月二八日の午後に「行方不明」になった。牛が鳴く異変に気づいた近所の人が重清さんの家を訪ねると、重清さんの軽トラックがなかった。しかも牛が鳴いていたことから、午後の搾乳の最中に何処かへ行ってしまったことがうかがい知れた。

牛飼いにとってありえないことだ、と同業者たちは口を揃える。仲間たちは重清さんの自殺を疑って、周辺を捜し回った。まさか軽トラックで成田空港に向かうとは考えられなかったからだ。

後にわかったことだが、重清さんは福島駅から成田空港行きのバスに乗るため、時間ギリギリまで続けた搾乳を途中で放棄し、軽トラックで駅に向かったのだ。酪農に人生をかけてきた重清さんの行動としては尋常ではないが、すでに重清さんの心の内が尋常ならざる状況に追い込まれていたことの証左と言うべきだろう。

酪農家仲間は「搾乳の途中でベコを放っておいて出て行くっていうのは、酪農を止めるっていうことですからね」と言う。重清さんの自殺を疑い、近所の人びとや酪農家の仲間は山の中も捜した。しかも、その間も牛が腹を減らして鳴き声を上げれば餌をやり、また乳牛として使い物にならなくなってしまわないようにと交代で搾乳を続けた。

数日の捜索でも見つからず、また連絡も取れないなか、仲間たちは重清さんの姉に連絡して牛の処分を決めた。引き取れる牛は自分たちの牛舎に移し、あとは家畜業者に処分を依頼した。こうして重清さんも家族もいない中で、菅野家の酪農の歴史は幕を閉じた。

一方、妻子を追ってフィリピンに渡った重清さんは、フィリピンで仕事を探したという。しかし、言葉も習慣も異なる地で、簡単に職が見つかるはずもなかった。次第に職探しが行き詰まりはじめた頃、バネッサさんの携帯電話に玉野地区の友人から電話がかかってきた。その電話をバネッサさんが受け、やっと重清さんの所在がわかった。その友人は、重清さんが突然消えた後の事態を説明し、「ともかく、一度帰ってこい」と話したという。

重すぎた現実、蝕まれた心

フィリピンで職も見つからなかった重清さんは、友人の言葉に促されるように一人、玉野に帰って来た。しかし、放射能に汚染され、牧草さえ刈り取れないうえに、菅野牧場にはもはや牛もいなかった。そして、失意の悩みを打ち明ける妻も、また、一時でも心の空白を埋め、やり場のない不安を癒やしてくれる子どもたちも、ここにはいなかった。

仲間の中には、夕方、暗い部屋の中でじっと仏壇に向かっている重清さんを見かけた者もいる。食事も満足にとっていない様子を心配し、晩飯の惣菜を届けた友人もいる。

実は、その頃、重清さんは、自ら市役所に相談に出向いていたことが、重清さんの死後にわかった。重清さんがメモ書きした市役所職員の助言を姉たちが発見したのだ。次姉ハルコさんが思い出す。

「病院を紹介しますって言うんだから、いやあ、何か病気がねえ。そんな心配な病気もってたのかなあなんて思って、市役所に行ったのね」

姉たちがメモを手に市役所を訪れると、担当した職員が現れた。その職員は、重清さんの様子からうつ病を疑い、一度病院に診察に行くように勧めていたという。しかし、重清さんは病院を訪ねる前に、自ら命を絶ってしまったのだ。

「家族がいれば、うつ状態にはなんなかったよな」と末姉の佐藤靖子さんが言うと、城坂ハルコさんも相槌を打ち、重清さんからかかってきた電話を思い出す。「順々に考えて行けばいいんだけども、いっぺんに考えることになっちゃうから、頭がおかしくなる」と重清さんは語っていたという。

原発事故の四カ月前にやっと稼働し始めた新しい堆肥生産の設備に投じた借金だけが残った。その借金を返す術《すべ》だった牛もいない。家族も放射能に追われて異国に去った。こうして積み重なった現実は、一人で抱え込むにはあまりに重すぎたのだろう。

堆肥小屋に残された「原発さえなければ」の文字を見た飯舘村の酪農家の長谷川健一さん(第4章の2参照)は、悔しそうに言っていた。

「ここには重清のすべての思いがかかっている」

重清さんが生まれ育ち、そして牧場の発展と子どもたちの成長を夢見た玉野地区の小さなお寺で、一周忌が営まれた。そこには、三人の姉と、妻バネッサさん、幼い子どもたち、そしてわずかな親族が集《つど》った。梅雨の名にふさわしいような雨が時折風に舞い、寺の屋根を濡らす。

長姉の宗形正子さんが静かに自らの思いを口にした。

「供養を重ねるたびに、本当にもう、弟はいなくなっちゃったんだなというのがしみじみわかりました。それで、今日みたいに、小雨が降ってると、弟の涙雨なのかなあと思いますしね」

*前著『福島　原発震災のまち』では、菅野重清さんは「菅沢茂樹」と仮名で記した。遺族や地域の方々、幼い子どもたちへの配慮からだった。しかし、私が取材・撮影した映像がテレビで「原発さえなければと書き残して自殺した、ある酪農家」として報じられると大きな反響を呼んだ。その後、遺された妻の菅野バネッサさんは東京電力を被告とする損害賠償請求の裁判を起こした。菅野重清さんの名前は、その顔写真とともにマスメディアで報じられて広く人びとの知るところとなった。したがって、本書では実名で記述することにした。

一周忌を迎えた故菅野重清さんの牛舎は綺麗に整理されていた．2012年6月　相馬市

第2章　被曝と健康への不安の中で

1　甲状腺検査への戸惑い

避難者からの電話

原発震災の発生から二年半が過ぎた二〇一三年一〇月のある晩、電話がかかってきた。電話をかけてきたのは、震災直後の取材の中で知り合った山根一恵さん(仮名)だった。山根さんは、福島県西部の会津《あいづ》に避難している。原発事故以降、数度にわたって避難区域の見直しが行われてきた(七五ページおよび巻末地図参照)。山根さんは、現在では「帰還困難区域」となってしまった集落からの避難者だ。

「こんなことを聞いていいのかしら」と繰り返す受話器の向こうの山根さんの声は、戸惑いと不安とに揺れていた。しかし、その震えるような声音から事態の深刻さが感じられた。

「結婚して別の帰還困難区域の町に住んでいた次女がいるんです。その次女の、もうすぐ三歳になる娘の甲状腺にしこりがあるって、検査結果が出たみたいなんです。もしかしたら原発事故の影響じゃないかって、娘は心配して電話を寄こしてきたんです。でも誰にもしゃべるなって言って。だからこの電話も、娘には内緒でかけているんですけど」

おどおどとした小さな声だ。娘の口止めの禁を犯して電話を寄こすのだから、山根さん自身の不安も自分では抱えきれないほど大きいのだろう。訴えるように、そしてすがるように詳細を話し始めた。

福島県「健康管理調査」に向けられた疑惑

山根さんの話を紹介する前に、福島県が行っている甲状腺検査について簡単に触れておきたい。これは原発事故後、放射能の「不安に対処する」ためとして県が始めた「県民健康管理調査」の一環として行っている一八歳以下の子どもたちの甲状腺のエコー検査などを指す。

検査内容は、喉にエコーを当てて、嚢胞《のうほう》や結節《けっせつ》（後述）、あるいはがんなどのしこりの有無を調べるものだ。A1（異常所見なし）、A2（小さな結節や嚢胞があるが経過観察）、B（二次検査をお勧めします）、C（二次検査を受けることを強くお勧めします）の四段階の判定が下されることになる（ただし、この判定方法も検査の回によって変更されてきた）。

こうした検査を行うようになったのは、一九八六年のチェルノブイリ原発事故後に、ウクライナやベラルーシの多くの子どもたちが甲状腺がんを患《わずら》ったからだ。

しかし、報道などによって明らかなように、この「健康管理調査」には、多くの問題が指摘されている。まず、具体的な診断内容はまったく公表されず、「A」とか「B」とかの判定結果だけが示されることだ。また、検査を受けられる病院は、福島県立医科大学か、そこが指定した病院に限られるため、検査結果に疑問をもっても他の病院でセカンドオピニオンを受けることができない。しかも、調査について専門家が意見を交わす検討委員会に先立ち、県の担当者が委員に呼びかけて秘密会合を行い、「原発事故による被曝との因果関係を否定する」との検討結果を事前にすり合わせていたといった報道もなされている（日野行介『福島原発事故　県民健康管理の闇』岩波新書参照）。検討委員会の座長は、県の放射線健康リスク管理アドバイザーであり、調査事業主体の福島県立医大の副学長（当時）の山下俊一氏だ。

さらにいえば、原発事故による健康被害は、必ずしも甲状腺がんだけに限られるものではない。チェルノブイリ事故による健康被害には、甲状腺がん以外にも、白血病、あるいは免疫不全、体力の低下、知覚障害など様々なものが疑われている。甲状腺がんの被害は、ICRP（国際放射線防護委員会）が公式に認めたものにすぎない。したがって、そもそも甲状腺の検査だけに限られていることも問題が含まれている。

娘から「しこり」がみつかった

山根さんの話に戻ろう。その年、二〇一三年三月、山根さんの次女夫妻は一人娘を連れて福島県外の病院で甲状腺検査を受けた。その時は、親子三人とも甲状腺に異常はないと告げられていたという。ところが、一〇月になって、住民票のある町役場から新たな指示がなされ、福島県内の病院で再度検査することになった。すると今度は、娘に異常が見られたようで「詳しいことは医師に聞いてほしい」と検査技師に言われたという。

再度、その福島県内の病院に医師を訪ねてみた。医師は一回目のエコー検査をした病院から三月時点の検査結果も取り寄せ、「三月の時点からしこりがありました」と言った。そして三カ月後にもう一度、甲状腺のしこりをエコー検査するという。

「大丈夫なんでしょうか」と山根さんは戸惑いの気持ちを隠せない。

「それで、三カ月後にしこりが大きかったりしたら……。なんだか注射針を喉に入れて検査するんだとか」

エコー検査で見つかったのは嚢胞と呼ばれる水疱のようなものなのか、それとも結節と呼ばれる、がん化する可能性のあるしこりなのか、この時、医師も判断しかねていたようだ。

原発事故まで大半の者は「甲状腺がん」などという言葉を知らずに済んでいた。しかし、目に見えない放射能に対して人びとが漠然と抱いていた不安は、「甲状腺がん」という言葉によって具体的なイメージが喚起されることになった。それは子どもを抱える親たちに、深刻な心理的な重圧となって覆いかぶさっている。

「電話でも娘と喧嘩になってしまうんですよ。娘も怒りっぽくなっているし、私も余計なこと言ってしまうから」と山根さんは電話口で言う。子どもの健康不安を抱えた母親の不安は、そのまた母親の不安を誘う。しかし、その不安はけっして根拠のないものではない。

「放射能の影響はまだよくわからない部分もたくさんあると聞いてます。ともかく病院で検査を続けるしかないと思います。甲状腺への影響だけとも限りませんし。でも、仮に甲状腺にがんがあったとしても、早期に発見すれば手術で治ると聞いていますよ」

やっとのことでそう答える私に、山根さんは「よかった。命の心配がないって聞けただけで、少し安心しました」と少し明るい声になった。

子どもに対する自責の念

原発事故が発生した時、混乱する避難指示や錯綜《さくそう》する情報に翻弄されながら、福島の人たちは、高濃度の放射性物質が漂う中をさまよわざるをえなかった。しかし、そうした行動をとった親たち、あるいは祖父母たちは、自分の子どもや孫たちを被曝から守れなかったのではないか、と自責の念にさいなまれ続けている。そして、子どもたちに何か異変が起きないかと不安を抱えながら暮らしている。

しかも、山根さんや娘一家の場合、暮らしていた場所は、放射能汚染度の高い帰還困難区域とされ、自分たちの家も仕事もすべて奪われてしまったのだ。これからの自分たちの暮らしへの不安の上に、子どもの健康の不安が、いま大きな影となって覆いかぶさってきている。

2　情報の隠蔽が招いた被曝

「なんでもっと早く逃げなかったの」

「私、原発事故の前に、七〇歳ぐらいまでの自分の人生設計をしていたんです。娘の子、つまり孫まで見られればいいかなって感じていたんです。でも、今はもう孫を見ただけでは足りない。ひ孫まで放射能の影響がないことを見届けたい。そんなこと言ったら、きりがないんですけど、見届けないと安心して死ねない、死んでも死にきれないなって思って」

そう話す阿部久美子さんの家族は、二〇一一年四月、計画的避難区域に指定された飯舘村から、放射線量が比較的低い福島市内に避難して来た。私が取材した時は、すでに避難から一年が過ぎていた。久美子さんは、福島第一原発が立地していた大熊《おおくま》町に住んでいた友人の言葉を今でも思い出す。

「なんでもっと早く逃げなかったの。飯舘村はとっくに逃げたと思っていた。大熊町はすぐに逃げろって言われたから、かえってよかった。私らは着の身着のままで、何も持たずに逃げたんだけれども」

そう言われた時も、そして今も久美子さんは思う。

〔できれば、私らもそのほうがよかったわ。余計な被曝をしなくてすんで〕

友人が暮らしていた大熊町は、その大半が帰還困難区域となっている。友人の帰還もすぐにはかなわないだろう。

一方、飯舘村は、避難区域の再編によって、計画的避難区域から避難指示解除準備区域や居住制限区域になった。村内でも特に汚染度の高い長泥《ながどろ》地区は唯一の帰還困難区域に指定されている。つまり、飯舘村は、長泥地区を除けば、宿泊は許されないものの、毎日、帰宅することも可能だ。

実際、久美子さんの舅は村に残してきた犬の餌やりに毎日のように避難先から通っているという。しかし、久美子さんは、家族のうち高齢の両親以外が村に帰ることは今後もないと思っている。だから今後、帰還が可能なのかといったことよりも、被曝をいかに少なくするか、いや、少なくできたかが久美子さんにとっては重要な関心だ。

最初に原発が爆発した三月一二日の午後、大熊町の住民には避難指示が出されていた。しかし、原発から三〇キロメートル以上も離れた飯舘村には避難勧告はおろか、放射能の危険を知らせる情報さえもたらされなかった。むしろ原発に近い町から避難して来る人びとに避難所を提供し、住民が救援に奔走していたことは第1章で記した通りだ。

これもすでにみたように、放射能雲から大量の放射性物質が降り注がれた三月一五日になっても、SPEEDIによる放射能拡散予測は公表されることもなく、子どもを抱えた親たちもまだ村にいた。村が自主避難の希望者にバスと避難先を用意したのは三月一九日になってからであり、それも避難の「指示」がなされたわけではなく、あくまでも「希望」する者による自主避難でしかない。

そして、村が高濃度の放射能により汚染されていることが明らかになり、避難が現実味を帯びてきた時には、住民たちは、すでに放射性ヨウ素もセシウムも体内に取りこんでしまっていた可能性を否定できない。

「四月、いや三月の時点でも、早くどこかに行きたかった。でも家のローンも、買ったばかりの車のローンもまだあって。それで、アパート代を払えるのかって思ったり。仕事もしないといけないだろうって。それで遠くに行けなくて」

震災時、久美子さんは夫と一緒に村内にある会社に勤めていた。そのことも判断を鈍らせた。

「命だけでも、体だけでも、本当は守らなければいけなかったのに。守るものが仕事とか、村とか家とかになってしまって。生活のことなど考えてしまったんですよね。やっぱり今までやってきたのを壊したくなかったのかな。簡単に築けてきたものじゃなかったですし……。でも、やっぱり後悔してます」

自分たちは「モルモット」なのか

この判断の遅れが招いた被曝が原因かどうかはわからない。二〇一二年に入ってエコーによる検査を受けた久美子さんの娘・百恵さん（小学五年）の甲状腺に「しこり」が見つかった。「しこり」は嚢胞と呼ばれるもので、それ自体すぐに疾患を意味するわけではないとされる。

しかし、事故後に福島県が検査した子どもや大人のうち、嚢胞も結節も確認されていない者もいる。だから、久美子さんは、避難の遅れによる被曝と嚢胞が無関係であるとは思えないのだ。また、先述の山根さんの孫のように検査を受けても、「しこり」が見逃されている場合もある。

「しこり」が結節だった場合、その大きさによっては、細胞を採取してがんか否か、あるいはがん化する可能性があるかどうかを判別するために、二次検査が行われる。久美子さんの友人の子どもに、この結節が見つかった。しかし、二次検査を勧めるが、直ちに二次検査に回される大きさではないとする「B」判定が下されたという。

「二次検査は針を通さなければいけないから大変だなどと言われたみたい。でも、大変だろうが、検査しなければいけない時は、しなければいけないですよね。検査が曖昧だから、なおさらです。「しこり」が小さくても、たとえば一ミリでも、あったらそのことを伝えてほしい。そうすれば、小まめに検査しておいたほうがいいかなとか、まだこのくらいだからいいかな、と判断できるじゃないですか」

先に触れたように、福島県の実施するエコー検査では、嚢胞なら口頭で「大丈夫」と言われ、結節の場合でも、具体的な診断内容が示されるわけではなく、超音波画像など生データが被験者に渡されるわけでもない。そのことも被験者の親たちに不信感を植えつけている。

「エコー検査の結果は、みんなもらってないんです。でも（福島）県立医大は持っているんですよね。だから、ずっと保管されて、「この子は何年後に発症しました」などと使われるのは嫌ですよね。実験されているって、みんな思っているんじゃないですか。飯舘村の人たちは、自分たちは「モルモット」だって」

被曝線量を予測しながらの暮らし

こうした不信と不安を抱える久美子さんは、偶然知った研究機関の実施するモニター調査に参加している。これは個人個人の被曝線量を、各自が携帯型の線量計で実測し、その時の行動形態とを重ねて予測するという。

「年間の被曝予想を毎月出してもらうんです。自然放射能を除いて年一・三四ミリシーベルトだったら、まあ何とか暮らせるかなあ、みたいな。というのは、娘は学校に通っているから私よりは低いはずです。散歩などもしている私の一・三四より、確実に娘のほうが低いかなって。だから（放射線量の低い）学校は、毎日あったほうがいいですよ。

とにかく、数値が高くても低くても、正直な数字がわかるので、安心というか、自分の状況がわかるから納得して暮らせます。わからなかったら、本当にパニックになるかもしれません」

こうした久美子さんの姿勢から、行政の情報や言動に対する根強い不信感が子どもを持つ親などに広がっていることがうかがえる。ＳＰＥＥＤＩに象徴される情報隠し、当時の官房長官が言った「直ちに健康に影響を及ぼすものではない」といったごまかし、あるいは、原発の「安全神話」が崩壊した後もなお「専門家」らによる「（年間）一〇〇ミリシーベルトまでなら大丈夫」といった、いわば「放射能安全神話」の言説……。

そうした状況のなか、母親たちは、自ら情報を集め、自己防衛のような対処を迫られているのだ。

放射能がもたらした家族の軋轢

しかし、こうした行動は、時に家族内で摩擦を生むことにもつながる。

「娘にも「嚢胞と言ってね、何か喉《のど》にあるのよ。だから将来のために検査はしていかなきゃいけないよ」と言っています。放射能のことも、ちゃんと説明して。でも、娘は聞きたくないみたいです」

久美子さんの家族にとって放射能との闘いは、検査が行われてから始まったわけでない。原発事故後の飯舘村で、放射能汚染の事実を知った時から、その闘いは始まっていた。そして、一年を経て、エコー検査のモニター画像を見せられることによって、より具体的なものとして迫ってきたのだ。

しかし、それ以前から、目に見えない放射能の重圧は母親に重くのしかかり、その闘いは母娘の間に緊張と軋轢《あつれき》を生んできたという。

「まず「土には触っちゃダメ」というところから始まったんです。それからは「あっち行っちゃダメ、放射能があるからダメ」って、「ダメダメ」ばかり言ってたから、娘はうるさいって思ったみたいです。飯舘村にいた時、雨の日に娘が祖父母のいる母屋から傘もささずに来た時、「なんで傘をささないの！」って怒ったこともありました」

娘にとっては、それまではいろんなことに一緒に喜んでくれた母だった。ところが、原発事故以降は、野花が咲いたからと摘んできてコップに挿しても怒られ、どんぐりを拾ってきても怒られる。そのことは、とても理不尽だったに違いない。

久美子さんは、こうした状況から解放されたいという思いもあり、「本当は、いつでも県外に行きたいんです」と私に話した。その時、傍らで遊んでいたかに見えた百恵さんは抵抗するように、ぽつりと言った。

「行きたくない。遠いところ、一番行きたくない」

久美子さんは、娘から「放射能、放射能って、うるさい」と思われているかもしれないと苦笑いする。だからこそ、そうした言葉を口にせずに済む「何にも気にしないでいられるところに行きたい」と心から願っているのだ。しかし、その思いを夫に向かって口にする時もまた、家族は気まずくなる。

「テレビで「安全だ」なんて言っていると、「そんな、安全なわけないだろう」って言ってますから、旦那も福島で暮らしたくはないんだろうけれども。でも、親もいるし、兄弟もこの近辺にいるし」

避難に対する気持ちの温度差を夫との間に感じる、と久美子さんは言う。

「ときどき喧嘩になりそうになるの。夫婦でも意見は違うじゃないですか。旦那は仕事のことも考えるし、私は行きたいところに行きたいって言うし。

旦那はやっとアルバイトを見つけて落ち着いたから。男の人で四〇歳を過ぎてしまうと、そんなに仕事も見つけられないし、自分に合う職場もそんなにない。でも、旦那には、その仕事場の人もいい人たちみたいなので。動きたくないんじゃないんですか。

飯舘村にいた時、私たち夫婦と同じ会社にいた人が山形に避難していったんです。子どもがいるからって。山形に行ってもけっこう周りの人もよくしてくれるみたいで、受け入れてくれたみたい。それで、私が「いいな」って言うと、旦那はあんまりよく思わないみたいです」

原発事故を忘却させ、再び原発推進への動きが活発化するなか、彼女の次のような思いをこの社会は重く受け止めるべきなのではないか。

「もう嫌だ。こういう思いは、ほんとにここだけで終わりにして欲しいです」

校庭の隅に置かれた放射線のモニタリングポスト．2013 年 5 月　郡山市

飯舘村の仮設住宅．お年寄りは「ここでは死にたくない」と．2013年4月，伊達市

「帰りたいなあ．帰れないなあ」．川内村の応急仮設住宅　2012 年 4 月　郡山市

放射能汚染物質を詰め込んだフレコンバッグがオブジェのように見えた．2013 年 7 月　川内村

事故から 1 年 4 カ月後，帰還困難区域とされた長泥地区．2012 年 7 月　飯舘村

帰還困難区域となった赤宇木地区．2013 年 11 月　浪江町

草刈り時の被曝からの防護を試す長谷川健一さん．2011 年 9 月　飯舘村

珍しく大雪が降った朝．2011 年 12 月　飯舘村

飯舘村の仮設住宅で自治会の花見が行われた日の晩．2013 年 4 月　伊達市

川俣中学校の校舎の一部を借りて開校する飯舘村の小学校．2011 年 9 月　川俣町

小高中学校の卒業式が避難先の小学校で行われた．2012 年 3 月　南相馬市

飯舘村の応急仮設住宅で遊ぶ姉弟．2013 年 4 月　福島市

国の殺処分に抗って警戒区域で牛を飼う吉澤正巳さん．2012 年 11 月　浪江町

飯舘村から避難している渡辺健児さん，美沙紀さん夫妻にもうすぐ第三子が生まれる．
2011 年 12 月　福島市

飯舘村からの避難者が暮らす仮設住宅にも満開の桜が咲いた．2013 年 4 月　伊達市

再開した．2013 年 11 月　福島市

飯舘村から仮設住宅に避難している菅野隆幸さん，益枝さん夫妻は，福島市に畑を借りて農業を

山木屋地区から避難した妻を自殺で失った渡辺幹夫さん．2012 年 7 月　川俣町

2 年半以上も人の住んでいない赤宇木地区の家．2013 年 11 月　浪江町

津波の被災地でもある沿岸部で，防護服を着て草を刈る．2012 年 12 月　浪江町

汚染土が運び込まれた山の仮置き場を視察する長谷川健一さん．2013 年 4 月　飯舘村

「情けない，ほんと情けない」と牧草地に佇む長谷川健一さん．2011 年 9 月　飯舘村

第3章　残ること、避難すること

1　言葉を奪われる母親たち

震災後の帰郷、そして出産

放射能の心配がありながらも、政府による避難指示区域には指定されておらず、逃げたくても逃げられない気持ちを抱えている親は、少なくない。福島県外に避難できる条件を備えた親たちの大半は、子どもを連れてすでに他都道府県へと避難を終えている。そして、そのことを知っているが故に、残らざるを得ない親、特に母親は悶々《もんもん》とした日々を送ることになる。

「考えましたよね、私一人でどこかにって。最悪、離婚とかも考えて」

こう語る薄葉《うすば》美由紀《みゆき》さんもその一人だ。美由紀さんは、「今は落ち着いたけれど」と苦笑いをしながら話してくれた。

大震災が発生した三月、美由紀さんは東京でマスメディアの仕事に携わっていた。その時、すでに妊娠五カ月だった。新婚生活を始めるために、実家もあり婚約者もいる福島市に帰って出産を迎えようと、三月いっぱいで退職することになっていた。ところが、原発事故が発生。東京に留まって様子をみることにした。

もちろん放射能への不安は人一倍あったが、やりがいのある仕事を辞めていたこともあり、結局は福島市に帰ってきた。周囲は「なぜ戻るの？」と驚きと心配の言葉を次々と口にした。他人には推し量れない理由もあるのだが……。ところが、福島に帰ってみると、美由紀さんは放射能汚染地帯の現実に直面する。

福島市は、福島第一原発から六〇キロメートル以上離れており、避難も屋内退避も指示されなかった。しかし、飯舘村がそうであったように、放射能の汚染は、二〇キロメートル、三〇キロメートルといった同心円で拡がったわけではない。距離が離れていても、ホットスポットと呼ばれる高濃度汚染地帯は、福島県内はもちろん、県外にも点在している。福島市内も例外ではなかった。高濃度汚染地帯が多く存在しているが、避難対象外とされてきている。美由紀さんが帰ってきた福島市内の地域も、その一つだった。

「なんで私一人だけこんなところに残って、しかも妊婦で外も出歩けなかったし。それに周りのお母さんたちはほとんど逃げていた。友だちと話すこともできなかったので、鬱々《うつうつ》としていました。冷静に判断できなかった」

それでも、ともかくも彼女も夫も帰郷を自分たちで決めた。

「すごく線量が高かった時期で、家の中でも縁側などは毎時五マイクロシーベルトでしたね。夫がゼオライト(セシウムを吸着するとされる鉱物)も撒《ま》いて、庭の土を全部削ったんです。新たに汚染されていない土をその上に盛ったんです。そして、できる限りの除染は全部して、やっと毎時〇・一五マイクロシーベルトくらいまでは下がりました。もちろん全部自費です」

そうした自己防衛的な対処をしながら、美由紀さんは無事に長男を出産した。しかし、ほっとする間はなかった。放射能との闘いは端緒についたに過ぎなかったのだ。初出産なのに、子育ての悩みについての相談も身近な人にはできなかったという。

「公園デビュー、ママ友って言いますよね。でもこの辺、もうママがいないですから」

しかも子育て支援センターのようなところに行っても、最も不安に思っていることは話せなかった。

「「放射能」と口にするだけで、何かピリピリした雰囲気というか。放射能の話は出しちゃいけないのかなっていう空気がありますよね」

放射能のことを口にできない他の母親たちを批判しているわけでない。自分も同じような気持ちになることもしばしばだからだ。放射能と闘おうと情報を求め始めると、インターネット世代の彼女たちは、たちまち迷宮をさまようことになる。

「それこそ図書館一館分の情報を集めないと。入ってくる情報に関してはどこまでが本当なのか、取捨選択するのが非常に難しくて。専門的なことを学んでこなかったんで、情報の波に溺《おぼ》れそうです。一時期、情報をシャットアウトしたこともあった」

不安を解消しようと「真実」を求めれば求めるほど、「真実」は遠のき、不安はより増す。また情報をシャットアウトしたからといって、不安が消えるわけではない。目の前には一歳に満たない幼子がいるのだから。

その一方で、母親として同じ悩みや不安を抱えた者どうしで相談することによって不安を解消し、一時の癒やしを求めたこともある。しかし、「福島から逃げられない」という現実の前では、一番の不安材料については口ごもるしかなかった。

「お母さんたちはここにいて、毎日、放射能の話ばかりしていても気が滅入るだけじゃないですか。どうにもならないことを口にして、いざこざになるよりも、いっそのこと話題にしないで、たわいのない会話に戻りたい。そういう気持ちがみんなすごく強いと思うんですよね。外を歩けば放射能、学校に行けば放射能、スーパーに行っても放射能。二四時間、放射能のことを考えるのは私も相当参った時期があるので……」

しかし、同じ福島で空気を吸い、子育てをしている母親どうしゆえに口に出せない不安や悩みが、福島の外から語られる時がある。たとえ思いやりによるものであっても、そうした言葉に対しては苛立ちや、あるいは自己嫌悪の気持ちに襲われてしまう。

「東京にいた時の仕事上の先輩は、線量計を持ち歩いていて、「子どもを保養に出したい」などと電話をしてくるんです。その時、彼女から「早く保養に出せば」って言われて。それが辛くて。「なんで福島にいるの、早く逃げたほうがいいよ」って言われるたびに、「逃げたいんだけど逃げられないんだってば」という、怒鳴りたい感情に駆られる時もありました。でも、相手は心配して言ってくれているんだから、結局、言い出せないんですけど」

友人や知人の思いやりや助言すらも、不安に駆られた気持ちを癒やすどころか逆なでしてしまうほどに、「逃げられない」母親たちは追い込まれていく。

不安を口に出せない苦しさ

繰り返しわき上がる不安とやり場のない憤り。それでも母親としての日常は、放射能汚染と向き合うことを強いられる。

「洗濯物一つにしても、あの家は干している。屋外に出しているんだ」と気にする日々。子どもへの影響が最も心配される食べ物には、人一倍気を使う。美由紀さんは西日本産の野菜などの宅配サービスを利用しているという。

「放射能検査した野菜っていうのがあって、それを取り寄せて食べさせています。私も同じものを食べています。母乳だから」

しかし一方で、その気遣いが新たな悩みを生む。美由紀さんの夫の実家は、福島県南部で専業農家を営んでいる。放射能汚染の比較的少ないといわれる地域だが、乳児にはもちろん、母乳を飲ませる自分自身も食べるわけにはいかないと考えている。

「野菜が送られてくるのは嬉しいんですが、何かすごく申し訳ないんですよね。夫の実家の親に「食べないから」なんて言えないし。暑いなか、頑張って作ってるのがわかっているから」

そんな気持ちを夫も理解してくれていると感じてはいるが、放射能に対する温度差も感じるという。夫は、放射能や放射線に対する知識も危機意識も持っているほうだと理解している。しかし、こう話す夫に歯がゆさを感じてしまうのも事実だ。

「低線量の被曝については、まだ定かではないし、非常にグレーゾーンが……。まあ、浴びないに越したことはないけど。すぐに逃げ出すっていうより、もうちょっと様子をみたほうがいいんじゃないか」

自分は少し焦りすぎているのでないかと、自身を客観視しようと試みながらも、美由紀さんは落ち着かない。そんな美由紀さんと同じように、正解のない答えを求め、逃げられない現実の中でさまよう母親たちの心はどこへ向かうのだろうか。

「みんな蓋《ふた》をしている状態」だと美由紀さんは考える。自分自身も「確かにいっぱい話さなければいけないんだけれども、疲れますよね」と。また彼女はこうも分析する。

「昔から何かあると黙るんです。前にしゃしゃり出ないというか、自分の意見を言うのが下手な県民性。それで、耐え忍ぶのが美徳とされてきているような。ほんと(テレビドラマの)「おしん」ですよね」

言葉を奪うもの

美由紀さん自身は「おしん」に甘んじるつもりはない。福島に生きる母には、たとえ自分に「蓋をして」も次々と難問が降り掛かってくる。危険を察知して子どもを、自分を守ろうとしたら、たとえ辛く、認めたくない現実でも、それを直視するしかないと考えている。

「ホールボディーカウンターでの検査をしてほしいんです、毎月。ここにいるしかない人間ができることって、検査をするしかないですよね」

ところが、美由紀さんは、福島県内に設置されたホールボディーカウンターは赤ん坊のように小さい体の放射線量を測定できないからと、息子の検査を市内の病院で拒否されたという。

「それでここでは、代わりに大人が検査してくださいということだったので、私が息子の代わりに受けたけど、「年間一ミリシーベルト以下なので、ＯＫですよ」って。何がＯＫなのかさっぱりわかりませんよね」

その時のことを思い出したのだろう、美由紀さんは憤った表情をみせた。しかたなく個人的に県外で検査を受けてくる親たちも少なくないという。

原発事故から一年も過ぎれば、福島の人びとの多くはシーベルトやベクレルの違いも理解している。また、食物の放射能検査の結果について、「ＮＤ」(not detected＝未検出の略)、あるいは「検出せず」と公表され、「安心」と行政がお墨付きを与えたとしても、それが放射能の測定値ゼロであることを意味しないことも知っている。「検出限界値」(測定において、使用している測定器が検出できる最低の値)という言葉を覚えた人びとには、検査官が「検出されませんでした」と報告したところで、それは嘘にしか聞こえず、行政不信を拡大する要因にもなっている。

「いま、私の体の中には何ベクレルの放射能があるのか、そういう細かい情報が全部抜けているのがすごく腹立たしい」

美由紀さんは憤りを隠せない。震災後、年間の許容被曝線量を二〇ミリシーベルトに上げ、汚染されていても「避難するほどではない」と決めつけた国家に対して、美由紀さんは「棄てられた」と感じている。避難指示の対象とされない区域に暮らす人びとに対して、国は何らの政策もとっていない。そうした行政の対応こそが、逃げられない母親たちから言葉さえも奪ってしまっているのではないか、と美由紀さんは思う。

「一石投じたいっていうか、本当に石を投げてやりたい。首相官邸に向かって」

2 避難し続ける意志とためらい

新たな「安全神話」の創造

原発震災は、福島の人びとから故郷を奪っただけではない。家族とともに暮らすという「当たり前」の日々をも一瞬にして奪った。

いわき市に暮らしていた三浦綾さんはいま、三人の子どもを連れて、いわき市から遠く離れた広島市の実家で避難生活を続けている。家業を継いだ夫は仕事もあり、いわき市に残ったままだ。

綾さんが避難の判断を下したのは早かった。二〇一一年三月一二日、原発が爆発したのと同じころ、原発関連会社の人から「原発が危ない」との情報が耳に入った。その日のうちに車で自宅を離れると、東京から飛行機に乗り、広島の母の家にたどり着いた。その日以来、家族はばらばらの暮らしを続けてきた。子どもを連れていわき市の自宅を離れる時の夫の言葉を思い出す。

「最初に主人が「こっちに戻るのは絶対ダメだ」と言ったんです。「とにかく帰ってくるな」と」

その言葉どおりに、子どもたちは広島市内の学校に転校し、一度も故郷に戻っていない。三浦さんの夫は、家業の事務機器の販売業を継いで今は社長を務めるが、若い頃は営業職で東京電力の福島原発にも出入りしていた。その関係で綾さんも一度、福島第一原発に入ったことがあるという。

「もう一五年くらい前ですけれども、当時、社長だった夫の父親に原発に連れて行ってもらったんです。東電の原発ってこういうところだぞって。それで三〇センチメートルくらいの厚さがある鉄の扉を開けて中に入って行くわけです。

そして、その扉を出る時に放射線量を測りますよね。その頃でさえ年間二〇ミリシーベルトというのは、「現場の作業員でも危ない数値だ」と言われていた数値なんです。それなのに、事故後は、その値で、子どもたちに大丈夫だって言うじゃないですか。

そのことが主人にとっては、もう信じられない。あの時は、作業員の大人に二〇ミリシーベルトを超えちゃいけないよって、厳しく管理していたわけですよ。出入り業者の主人なんかでも、出る際に放射線量が下がらないと何度もシャワーを浴びさせられたというのを聞いたことがあって。なのに、今になって「大丈夫」って、なんだろうって」

原発の「安全神話」を振りまき、国策として原発を推進してきた政府らしい新たな「安全神話」の創造ともいえる。「子どもでも二〇ミリシーベルトまでなら大丈夫」といった事故後の対応は、決定的に福島の親たちに不信感を植えつけた。

「あたり前の日」は来るのか

しかし、だからといって誰もが自律・自立を実践できるとは限らない。そもそも、災害救助法による住宅支援など以外に公的支援がほとんどない自主避難には、様々な困難が伴う。

二〇一二年六月、「避難する権利」をうたい、避難区域外の住民でも居住するか、避難するかを自ら選択でき、適切な支援を行うことを理念とした「原発事故・子ども被災者支援法」が超党派の議員立法で成立した。しかし、この法律さえも予算の裏づけもなされず、店晒《たなざら》しにされているのが現状だ。

被曝の不安を覚えながらも、避難できない親、あるいは避難し続けることができず戻ってくる親は少なくない。綾さんは、そうした母親を何人も見てきた。そしてこう言う。

「「もう大丈夫じゃないの。ほら、みんな帰っているじゃない」って言う人もいます。家族が離れて暮らすことにだんだん疲れて、「もう、帰ってこいよ」っていうふうにお父さんが萎《な》えてしまって帰る母親たちもいます。諦めと疲れ。そうやって戻っている人もいます。家もいわき市に建てているので、もう家に戻るのがいいのかな、とか」

そうした中で、綾さんが広島に避難し続けることができるのは、この節の冒頭に紹介した夫の励ましともいえる強い言葉があるからだ。「こっちに戻るのは絶対ダメだ」「とにかく帰ってくるな」と。

しかし、そのために払った犠牲も少なくない。広島市立の小学校に転校した次女の友菜さんは作文にこう書いている。

「私の家族は五人います。でも今、広島にいるのは、四人だけです。東日本大震災が起きてしまったからです。お父さんは仕事をしなくてはならないので、広島に住むことができません。福島には、自分の家でくらしたくてもくらせない人がたくさんいるし、福島第一原発からはなれたくても、仕事でそこに入らなければならない人もいます。私は、一日でも早く、福島で家族五人が安心して、楽しくくらせる、あたり前の日が来てほしいと思っています」

綾さんの話を聞きながら、私は「行くも地獄、戻るも地獄」という言葉を思い出す。福岡や京都に避難した人、あるいは札幌に家族の新天地を求めた人などにも取材で会った。放射能から子どもを守ろうとする彼らは、しかし、原発事故前の日々を奪われたままだ。一方で、福島に残る人びとも、不安を強いられながらの生活を送り続けている。

友菜さんの願う「あたり前の日」がいつ来るのか、いや、もう来ないのか、誰にも答えられないような世界――原発事故はそんな世界を招いてしまったのだ。この終わらない原発震災を絶望することも許されない人びとがいることを忘れてはならない。

津波に流された消防車が警戒区域に残されていた．2012 年 6 月　南相馬市

第４章　新たな「安全神話」に抗して

1　誰のため、何のための除染か

除染が生みだした風景

思わず目を背《そむ》けたくなるような風景が延々と続く。あるいは、震災以来、何度も福島を訪れた私にとっては、いわば「見飽きた」ともいえる風景だ。しかし、目を背けることは、無意味とも思われる「国策」を追認したことになるのでは、と思い直す。現実を直視し、取材を続けるしかない。

その風景とは、「除染」と呼ばれるものによって作り出されたものである。「放射線量を下げるため」に、落ち葉をかいたり草を刈ったり、あるいは農地の表土を剥《は》いだりして、膨大な量の落ち葉や雑草、土が集められる。それらが袋詰めされ、国道沿いのあちこちに山をなしている。放射能汚染物を詰めた、その青や黒の袋はフレコンバッグと呼ばれる。放射能は目に見えなくても、フレコンバッグは、いやがおうにも目に入る。現在の福島を象徴する風景といえるだろう。

いわき市から福島第一原発に向かう国道六号線を北上する。最初に通る広野町には、原発事故の拡大を防ぐ前線基地となっていたＪビレッジ（元は一九九七年に開設されたスポーツ施設）や、東京電力の巨大な火力発電所がある。火力発電所は現在も稼働し、東京などに電力を供給し続けている。

二〇一一年には、その先の楢葉《ならは》町に行くのに特別な許可が必要だった。しかし、翌年夏には検問が解除され、今では一般車両も入ることができる。

伸び放題のセイタカアワダチソウやススキが田んぼを覆い尽くす集落を過ぎると、地面の見える田んぼ跡が広がっている。

事故前に丹精込めて土作りをした農地は、その滋味豊かな表土がすでに剥がされてしまっているか、あるいは、これから剝がされようとしている。除染という「国策」の前では、農家の人たちも自分たちが作った土が削られることに抵抗はできないだろう。

被曝を強いる公共事業

二〇一一年八月、除染の基本方針を定めた「放射性物質汚染対処特別措置法」が公布された。そこでは、国が直轄して行う「除染特別地域」での除染と、国が資金を提供して自治体が除染を行う「汚染状況重点調査地域」での除染の二種類が規定されている。前者の場合は、富岡《とみおか》町、大熊町、双葉町、飯舘村など、放射能の年間積算線量が二〇ミリシーベルトを超える居住制限区域、帰還困難区域などを対象としており、後者は、福島県外も含む年一ミリシーベルトを超える地域を対象としている。

国は二〇一一〜一三年度だけで、この事業に一兆五〇〇〇億円も投入している。しかし、そうした巨額の税金を投入しているにもかかわらず、除染の効果や今後の見通しなどは曖昧なままだ。

しかも、除染したからといって人びとが帰還するとは限らないことが明らかになっている。にもかかわらず、巨額の税金が投入され続け、除染事業だけが他の被災者支援に優先されていく。その構図は、かつて「無駄な公共事業」として批判を浴びたダム建設や道路工事などと、本質において変わらない。実際、現在の除染は、大手の建設会社が受注して行う公共事業であり、重機が土を削る風景は、道路建設などと見まがうばかりだ。

ただし、ダムや道路建設などの公共事業と大きく違う点がある。それは、巨大なフレコンバッグに詰められた放射性物質が行き場を失い、さまよっていることだ。フレコンバッグは、各自治体に設けられる「仮置き場」に一時的に置かれ、やがては、国の指定した中間貯蔵施設に保管される予定だという。しかし、実際には、仮置き場さえ設置できず、田畑などの「仮仮《かりかり》置き場」「仮仮仮置き場」などと呼ばれる場所に積み置かれているのが現実だ。

さらに、これまでの公共事業との決定的な違いは、作業を行う過程で、作業員は大量の放射線を浴びざるを得ないということである。

放射能の危険性を鈍化させる方向へ

事故から一年経った、二〇一二年四月以降、原発事故による避難区域の再編が次々と行われていった（巻末地図参照）。田村《たむら》市、川内《かわうち》村を皮切りに順次行われていき、二〇一三年八月、川俣町山木屋地区を最後に区域再編が完了した。

事故後、福島第一原発二〇キロメートル圏と、その北西に隣接する計画的避難区域に政府の避難指示が出された。それが、①避難指示解除準備区域（年間積算線量二〇ミリシーベルト以下の地域）、②居住制限区域（年間二〇ミリシーベルトを超えるおそれがあり、被曝量低減の観点から避難の継続を求める地域）、③帰還困難区域（五年を経過しても年間二〇ミリシーベルトを下回らないおそれのある、年間五〇ミリシーベルト超の地域）、という三区域に再編されていったのだ。

この避難区域再編は、基本的には避難指示の段階的解除を展望したものであり、避難した住民を「帰還」させることに主眼が置かれている（除本理史『原発賠償を問う』岩波ブックレット参照）。

実際、除染の効果の有無にかかわらず、区域再編に伴い、立ち入りを制限する検問は原発に向かって後退している。私が最新の取材で訪れた二〇一三年一一月段階では、福島第一原発が立地していた大熊町の入り口に検問が設置されていた。居住の制限はされているものの、福島第二原発の立地している富岡町に立ち入ることも可能だ。

しかし、私が訪れた時、富岡町にある、県が設置した放射能モニタリングポストの一つは、毎時四・四七九マイクロシーベルトを表示していた。年間一ミリシーベルトという震災前の国の安全基準をはるかに上回る数値である。その意味では、原発事故以前から存在した放射線障害防止法などによる放射線管理区域の指定を無視した地帯が現在生じているともいえる。原発事故によって、放射能の危険性に敏感になるどころか、むしろその危険性に対して鈍感にさせる方向に国の政策は向かっているのだ。

もっとも、その一方では、飯舘村の長泥地区のように、当初、計画的避難区域とされ、誰もが入れた地域が、区域再編によって帰還困難区域となり、立ち入り禁止にされるという矛盾も生じている。

原発事故は何を奪ったのか

現在、楢葉町や富岡町では、いたるところにフレコンバッグが大量に積み上げられ、山をなしている。だが、高濃度の放射能汚染によって、郷里を追われ、日々の暮らしを奪われた人びとにとって、除染の効果に対する懐疑的な思いが強くなってきている。

たとえば、二〇一三年一〇月、復興庁が双葉町、大熊町の世帯主を対象に行った住民意向調査では、すでに六割を超える人びとが元の住まいへの帰還を諦めている。もちろん、帰還は無理だと回答した人でも、「帰りたくないんですか?」と問えば、ほぼ例外なく「帰りたい」と答えるはずだ。

しかし、帰ることによって、様々な問題が生じることも、彼らは気づいているのだ。帰ったところで、元の仕事があるわけでもない。仮に高齢者が被曝を覚悟して帰ったとしても、その高齢者が一人で生活することなど不可能だろう。水道や電気、あるいは介護などが必要であり、そのためには、若い世代のサポートが不可欠になる。それは、とりも直さず若い世代に被曝を強いることを意味する。しかも、故郷の姿はすでに変わってしまっている。隣近所もいない、買い物していた店もない、子どもや孫が通っていた学校が再開される予定もない。

原発事故によって奪われたものは、単に土地としての故郷だけではない。そこでの暮らし、人が悲しんだり、喜んだりしながら、日々営んできた生活そのものが根こそぎ奪われたのだ。そしてその結果、第1章でみたような命の犠牲をも生じさせてきた。土地を除染して、人びとを帰還させることに偏った政策は、原発事故が人びとから「何を奪ったのか」という本質を見えなくさせているとしか思えない。

「帰村宣言」の現実

富岡町から県道三六号線の山道を行き、峠を越えると川内村に入る。村全域が福島第一原発から三〇キロメートル圏内に入り、その一部は二〇キロメートル圏内にも入っている。だが、川内村に入る峠が壁を成すことで放射能雲が一部遮《さえぎ》られたため、村の放射能汚染度は比較的低い。そのため、「奇跡の村」などとマスメディアで紹介されることもある。

モリアオガエルの生息地があり、それをシンボルとしてきた川内村は、そのことにちなんで「かえるかわうち」という標語を掲げて、事故から一年も経たない二〇一二年一月、「帰村宣言」を出した。その際の記者会見で、遠藤雄幸《えんどうゆうこう》村長は「マスメディアの皆さんを通して県内や全国二六都道府県に避難している村民の皆様に帰村を促す」と発表した。

村は、すでに二〇一一年九月の段階で、国による除染と公共施設の再開などを柱として、「全村帰還」を目指す「復旧計画」を国の原子力災害対策本部に提出していた。そこには、「村民の帰還は、平成二四年（二〇一二年）一月から開始し、約一カ月後の平成二四年三月までに避難住民の帰還完了を目指します」とまで書かれていた。

しかし、実際はどうなったのか。「帰村宣言」から二年を経て、実際に村で暮らしているのは、約五〇〇名だ（二〇一三年一〇月調べ）。事故前の村民数約二七〇〇名の二割に過ぎない。だが、村は「帰村者は半数を超えた」と発表している。それは、村が「週に四日以上滞在する者は帰村者とみなす」といった独自の基準を設けているからだ。

村のいう「半数を超えた」帰村者のうち、約九〇〇名は、郡山市やいわき市など避難先の仮設住宅やアパートとの二重生活を続けているのが実態である。

二〇一二年に取材した際、一時的に郡山市の避難先から帰宅していた女性から、川内村災害対策本部が発行する広報紙『かえる　かわうち　かわら版』を見せられたことがある。四月三日発行の第二二号には、「原子力事故緊急時の避難計画のお知らせ」というタイトルで、こう注意書きが記されていた。

「有事の際には慌てずに落ち着いて行動しましょう」

そして「村が避難指示、勧告等を決定」し、防災無線などで住民に伝達し、周知させると述べ、「事前に各自避難時の荷物を準備しましょう」と呼びかけていた。さらに「避難先は次の方面を考えていますが、風や放射能の放出予測等を考慮して決定します」とあり、その下には「想定１（北西の風の場合）……郡山市、会津若松方面へ避難／想定２（南東の風の場合）……いわき市方面への避難」といった念の入れようだ。その女性は「こんなこと書いてあるんだから、帰ってこられないわよねえ」とため息をつくように言った。

放射線量が比較的低いとはいえ、いまだ事故収束の目処《めど》がついておらず、今後、何が起きるともわからない原発が隣町に存在するという不安は、住民に深い影を落としていたのである。

このように「帰村宣言」が一筋縄では進まない一方で、宣言はまったく別の効果を生んでいる。宣言から七カ月経った二〇一二年八月、川内村の住民は東京電力から一人月額一〇万円支払われていた賠償金(精神的苦痛に対する慰謝料)を全額打ち切られた。仮設住宅に住む高齢者や仕事を失ったままの人びとも同様である。そうした人たちは、現在でも六〇〇人以上にのぼる。つまり、避難指示が解除されたことによって、補償の必要がなくなったと東京電力が一方的に判断を下したのである。あまりにも、実態を反映していない対応ではないか。

2　分断された「美しい村」

「俺のすべてを奪った」

「「除染すれば帰れる」、そういう言い方を村はしてんのよ」と長谷川健一さんは語気を荒らげた。「除染の結果がどうあれ除染しろって。そんなのおかしいって」

前著『福島　原発震災のまち』でも登場した飯舘村で酪農を営んでいた長谷川さんは、伊達《だて》市の運動場に設営された飯舘村の応急仮設住宅で暮らしている。ここでの生活もすでに二年が過ぎた。飯舘村では、大きな家に、四世代八人の大家族で暮らしていた。しかし、現在は、それぞれ四世帯へと離散させられている。かわいい盛りの幼い孫のいる息子一家は、遠く山形に避難している。長谷川さんは、現在、一家を支えた酪農や畑仕事とは無縁の講演活動などを行っている。講演では、原発事故が自分にもたらした被害や苦悩、飯舘村の現状、行政による政策の矛盾などを熱く語りかけている。

しかし、今でも酪農家であり飯舘村住民であることに変わりはない。福島県酪農協の理事を務め、また、住民の住まない村内を村民としてパトロールする事業の「見守り隊」にも参加し、二〇区ある行政区の一つ前田区の区長としての仕事にも熱心だ。

飯舘村は「までいの村」として知られてきた。「までい」は「手間ひまかけて、丁寧な」を意味する方言である。その結果、「日本で最も美しい村」の一つとされてきた。だからこそ、それとは対極にある現在のような村の有様に、憂いと憤りがわき上がるのを長谷川さんは抑えられない。

飯舘村の菅野村長は、計画的避難が実施された直後、「二年で帰還する」ことを目標に掲げた。そして、それが実現不可能であることが明らかになった現在、「年五ミリシーベルト」という村独自の帰村のための目標基準を設けて、除染を積極的に行う政策をとっている。あくまで帰村政策を中心に置く。こうした村の施策に長谷川さんは異議を唱える。

もちろん長谷川さんも村に帰りたくないわけではない。そこが生まれ育った土地だから、というだけではない。

私は、震災直後の二〇一一年三月から長谷川さんを取材してきた。飯舘村を去るまでの間に、切羽詰まった状況は何度もあったが、村の酪農家のリーダーとして、また行政区の区長として長谷川さんは常に気丈にふるまっていた。しかし、その長谷川さんが一度だけ涙を見せたことがある。

二〇一一年五月二八日のことだ。国による避難指示を受けて、手塩にかけた乳牛たちを「処分」せざるを得なくなった時、長谷川さんは、牛たちをのせたトラックが去って行くのを見送るしかなかった。その時、彼はこう言って涙を流したのだった。

「(原発は)すべて、俺のすべてを奪った」

村の放射能汚染が明らかになった時、長谷川さんは、こう悔しさを語っていた。

「俺の代から酪農を始めたんです。子どもたち三人育てて孫もできたし、家も建てた。それで、今度は長男が、俺も牛をやる、酪農を継ぐと言ってくれた。長男は、私の仕事を生まれた時から見てるわけですから。だから私も、後継者ができたと思って喜んでいたんです。じゃあ俺も手伝うからと言って、家族一丸となって取り組んできたんです」

その「すべて」であった村の暮らしに対する愛情が失《う》せるはずがない。しかし、その愛着のある「村」とは行政組織としての飯舘村を意味するわけではない。家族や地域住民、あるいはその助け合いがあってこその村だからだ。

矛盾する除染政策の内実

「除染イコール帰村ではないぞ。除染することによって、どれくらい線量が下がったか、それを見た上での帰村宣言だべ」と長谷川さんは続ける。

飯舘村は、二年後の二〇一六年の帰村を目指して動いている。しかし、飯舘村に隣接し、飯舘村よりも汚染度の低い南相馬市は、それよりも一年遅い二〇一七年の帰還を目指しており、矛盾している。

ところが、いま飯舘村を訪れると、こうした矛盾を無視するように「除染の風景」が展開されている。メイン道路には、白い防護服や作業衣にマスク姿の除染作業員が運転するダンプカーやトラックが走り回り、沿道の田畑には、汚染土の入ったフレコンバッグを積み上げる巨大なクレーンが何本も空に向かって伸びている。そして豊かだった田畑を引き裂くようにブルドーザーが土を掘り返している。

「（住宅とその周囲の）住環境の除染でさえ二〇一四年度中にできるなんて、俺は思えねえな。今だって（二〇地区中の）二つの地区を除染するだけで手一杯なんだから。朝晩は、除染作業員が通ってくる車で大渋滞が起きているのに、一気に二〇地区全部除染できるなんて考えられるか」と長谷川さんは笑う。

飯舘村には、東西を貫く県道一二号線が通る。これは県庁所在地の福島市と南相馬市を結ぶメイン街道で、普段でも交通量が多い。村の出入り口にはそれぞれつづら折りの峠があり、通勤時間帯には渋滞が発生する。そこに飯舘村での本格的な除染が始まったことで、除染作業員が通ってくる車や作業車などが加わり、朝夕は大渋滞を引き起こしていた。

隣で長谷川さんの話を聞いていた妻の花子さんが「村の中に宿を作るって聞きましたよ。二枚橋地区と飯樋《いいとい》地区、草野地区に」と言う。除染作業員の宿舎だという。渋滞緩和と除染作業員の利便性を考えてのことなのだろう。

いち早く「帰村宣言」を発した川内村を見学してきた長谷川さんは、思い出したように「コンテナだろ、（川内村で）見た。だから、そんな感じで簡易的なのを置いていくしかないんだと思うよ」と。

私も川内村で「帰村宣言」後に作られた新しい「ビジネスホテル」を見ている。それは、全国の工事現場のどこでも見かけるような飯場や現場事務所のプレハブを、少し大きくし、見栄《みば》えをちょっと良くした仮設住宅ならぬ、仮設ホテルだった。同様のものを飯舘村にも作ろうというのだろうか。すかさず長谷川さんが批判を加えた。

「どうもおかしい。それって、（居住制限区域として村民の住めない）飯舘村に作業員を住まわせるってことだから。しかも川内村の方が放射線量が低いんだからな。とにかく飯舘村は放射能がダントツに高いんだから。それを川内村と同じレベルで考えることがそもそも間違っていると思うんだな」

確かに、今でも飯舘村は川内村の一〇〜三〇倍の高濃度の放射能に汚染されている。すでにみたように、川内村でも村人の帰村が困難を抱えている中で、除染だけに頼っているようにもみえる飯舘村の施策には、長谷川さんならずとも疑問がわく。

「だいたい「除染、除染」って言っても放射線量は下がんないんだしな。家の庭先で地面の剝ぎ取りをして、その後に汚染されていない砕石《さいせき》を入れて放射能を遮蔽したところは、（毎時）〇・六マイクロシーベルトぐらいにはなるんだ。でも、隣には、掃除して表面だけ除染したところがあるんだ。そこはドンと線量が上がるんだ。線量計を持っていけば、一目瞭然でわかるんだから」

村の政策と村民の思い

除染の難しさを語る長谷川さんは、「しかも」と続ける。

「村は自分たちの政策に対して、村民が「おかしい」と言わせるような場を、設けようとしない。文句を言わせないんだな。つまり、村民の声は聞かないっていうことよ」

はたして、村の政策は住民に支持されているのだろうか。二〇一二年五月に飯舘村が実施した村民アンケートがある。そこでは、「避難解除されれば村に帰りたい」という回答は、一二％に過ぎない。その一方で、放射線の自然減や除染によって放射能が低減したとしても、「村には帰るつもりはない」との回答は三三・一％にも及んでいる。また「解除されてもすぐには帰らないが、いずれは村に帰る」との回答は四五・五％にのぼるが、「いずれ」とはどのくらいの期間を考えているのだろうか。

長谷川さんは、自らが区長を務める前田区で、二〇一二年二月、率先して住民の声を聞こうと区民アンケートをとった。その回答の中に、「いずれ」の中身を探るヒントをうかがうことができる。

前田行政区を、除染が成功したと考えられるレベルにまでもっていくのに、どのくらいの時間が必要か、といった主旨の質問に対して、「数十年かかる」とみる住民が三割に達する。「除染不可能」との回答は四・六％、「全くわからない」との回答は五割である。一方、「除染が可能」と想定する回答は八％に満たない。

こうした結果を見れば、長期的な展望を持つことが難しく、少なくとも数年レベルの短期的な帰還の可能性を考えている住民がきわめて少ないことがわかる。すなわち、先の「いずれは村に帰る」の「いずれ」は、一〇年を超えた数十年先を想定したものといえそうだ。

長谷川さんは、村が「今後、飯舘村の農地をどう活用しますか。帰村したら何をしますか」といった、帰村後を想定したワークショップを開催しているという。そして、そんなものを開催するよりは、特に若い人たちの意見を聞くべきだ、と主張する。

確かに、長谷川さんの苛立ちには頷かざるを得ない。というのも、村は率先してアンケートを行ったわけではなかった。帰村を前提とした政策が進む中で、住民たちは、自分たちの意向を聞くべきだと、繰り返し村に要望してきたが、そうした声は聞き入れられなかったからだ。そのため、自分たちで実施するしかないと考えた住民の有志「飯舘村新天地を求める会」が、二〇一二年四月、旧住所を頼りに村民全戸のアンケートを村に先んじて行ったのだった（「飯舘村村民気持ち調査集計結果」二〇一二年六月五日公表）。結局、村が先の住民アンケートを行ったのは、その翌月のことだった。前田行政区のアンケート実施からは三カ月後のことである。

分断された村

村は、帰還困難区域に指定されている長泥地区を除く全行政区で「住環境の除染」が終了した時点で、帰村宣言をするとしている。先述したように、それを二〇一六年として目標を設定している。しかし、この「住環境の除染」の中身にも問題がある、と長谷川さんは指摘する。

「「住環境」というのは、要するに家の周りだけなんだ。田んぼも畑も除染は終わらないから。除染で集めた汚染土なんかは、どんどん溜《た》まる。置き場がないから家の前なんかに山積みにされる。そんなところに帰れると思うのかって」

花子さんも思い出したように言う。

「いま、村は一日に四時間ぐらい滞在させる、村への送迎をやっているの。この仮設でもお年寄りが毎週三、四名ぐらい、村の自宅に戻って家の中に風を通しに行く人がいるんです。だから、「帰村宣言」が出されたら、帰りたくなくても「帰るしかないんだろうな」と思っている人がいるんですよ。だって自分一人でここ（仮設住宅）に残るには、どうしようもないんだから。帰れないことも含めて、もう、皆さん諦めてはいますよね」

繰り返すが、帰りたいという気持ちは、飯舘村の住民に限らず、一四万人におよぶ原発事故による避難者の誰もがもっている気持ちだろう。しかし、危険を冒して帰っても、そこには、かつての暮らしはもはや存在しないことを、多くの人が気づいているのだ。しかし、こうした複雑な思いや、厳しい現実に向き合おうとせず、国も、そして村なども住民を帰還させる政策を優先させているようにみえる。まるで原発事故などなかったかのように。

飯舘村が「日本で最も美しい村」と呼ばれるまでになったのは、村民がどんなことでも話し合いを大切にし、協力し合い、助け合いながら、村づくりに取り組んできたからだ、と長谷川さんは言う。しかし、帰村政策などによって、「いま、村はバラバラになってるな」と悔しさを隠せない。

アンケート調査にみる村民の不信の声

第2章や第3章で、行政に対する批判や不信が、子をもつ親などをはじめ広範に広がっていることをみた。飯舘村でも、長谷川さんのような批判の声は少なくない。アンケートの自由記述欄に寄せられたコメントも、それを裏づけている。たとえば、前述の前田行政区で行ったアンケートには次のような声が寄せられていた。

「今のままの村議会では議会がある意味がないと思う。今こそ話し合い、力を合わせる時だと思います」（三〇代男性）

「いつまでも先の見えない生活を続けたくない（帰村が無理なら早くハッキリとしてほしい）。国も県も村も情報を隠し、私たちを人間として見ているのか？　信用できない！」（四〇代男性）

「よく村民の意見を聞き、村民のための村政を。

県や国のための村政などあり得ない。老人だけの村など成り立ちますか」（五〇代男性）

「なぜ役場前の所で低い放射線量を測定して国に公表しているのか。放射線量が四～一〇ぐらい（マイクロシーベルト／毎時）と高い所がまだあるので、その高い所を国に公表しなければならないと思います。体の健康のことを考えれば飯舘には住めないと思う」（六〇代女性）

「国は現地と結果を見て住民のことを考えたことがあるのか。なぜ不幸な生活をするのか？　なぜ一年も結果を出せず、遅すぎる」（七〇代女性）

「困っていることだらけですが、現時点で何もみえないのが腹立たしい。国、村から一人一人にわかりやすい、はっきりした資料など細目を伝えてほしい。そうでないと、これからの生活の先が全くみえてこないのが毎日の不安です」（七〇代女性）

同様に、前述の「飯舘村新天地を求める会」による村民のアンケートにも、行政に対する批判的な見方がうかがえる。「国や村は村民をもっと早く避難させるべきだったと思う」と答えた住民は四五一名で、有効回答五七六通の実に七八・三％にものぼる。「国」を除いた村の責任だけを問うと、若干減って三四七名（有効回答数の六〇・二％）が「村の原子力災害に対する対応は間違いやまずい事が多かったと思う」と答えている。その他にも、「村の重要な施策については住民投票で決めるべきだ」との回答は五三・六％（三〇九名）、「村が信用出来なくなった」との回答も四二・二％（二四三名）にものぼる。

次々と明らかになる「犯罪行為」

村が除染と帰村政策に大きく舵を切っていることに対する不信・批判の中心には、行政が放射能の危険性や被曝の問題を軽視しているという思いがあるのだろう。特に飯舘村では、ＳＰＥＥＤＩの情報が隠されていたこと、事故後に福島県が派遣した「専門家」らが「安全・安心」の言葉を振りまいたことなどで、避難が遅れ、避けられたかもしれない被曝を強いられてしまったことはすでに触れた。

そうした事故直後からの行政対応への不信・批判は、その後、様々な事実が明らかになるにつれて、むしろ「許せない」という怒りになりつつある。

次々と明らかになる事実――その重大な一つとし

て、甲状腺がんなどの予防となる安定ヨウ素剤の問題が二〇一三年一一月、『朝日新聞』の連載企画「プロメテウスの罠」のスクープによって明らかにされた（二〇一三年一一月五～一〇日付）。

それによれば、震災翌日の二〇一一年三月一二日、福島県立医大は、在庫から一〇〇〇錠の安定ヨウ素剤を、被曝治療と放射線測定に当たる職員に配り始めたという。多くの職員はすぐに服用を始めた。そして、県立医大は製薬会社から安定ヨウ素剤を調達し、医大関係者への配布範囲をすぐに拡大していった。その数は一五日昼までに四五〇七錠に達し、さらに同日には新たに福島県から四〇〇〇錠を、一六日には医薬品卸会社から二〇〇〇錠を調達し、以降は大学の教員や事務部門職員にも配布した。一七日からは、職員の子どもたちにも配り始めている。

ところが、避難者を含む一般住民は子どもを含めて安定ヨウ素剤が配られることはなかったのである。大半の住民はその存在すらも知らなかった、いや知らされなかったのだ。しかも、こうした事実は二年以上も「秘密」にされてきた。福島県立医大の教職員とその関係者には、配布の事実は外に漏らさないように、と口止めがされてきたのだ。

公共財を市民のために活用せず、自分たちで独り占めした事実は、もはや犯罪行為ではないか。しかも、福島県立医大の「単独犯罪」とは考えにくい。

国や県からの指示がなされないなかで、三春《みはる》町は独自の判断で安定ヨウ素剤を配布し、町民と子どもたちの甲状腺がんなどを予防しようとした。ところがこれを、県は「勝手に飲ませた」と非難したのである。実はそれ以前に、放射線医学総合研究所（放医研）は、国や県の指示がない状態で飲まないよう声明文を出し、国や県は指示を出さなかったのだ。

また、県立医大や応援に駆けつけた医師の何人かは、住民への配布を薬剤師会と連携して具体的に準備していた。それにもかかわらず、この計画は、県の放射線健康リスク管理アドバイザー山下俊一氏によって却下され、県は実施許可を出さなかった。

この時、県は安定ヨウ素剤を二四万錠と粉末六キロを備蓄し、さらに五〇万錠が入荷予定だったにもかかわらず、である。

こうした事実が明らかにされた今になって、山下氏らは、安定ヨウ素剤を飲ませなかったことを後悔しているというのだ。山下氏は「三月二三日にSPEEDIの結果を見て、ありゃーと」思ったという。また、先の声明を出した放医研の緊急被ばく医療研究センター長・明石真言《あかしまこと》氏も「いま思えば、飲ませればよかった」と話す。

「俺ら、モルモットよ」

しかし、被曝させられた人たちにとって、こうした「専門家」の態度は、あまりにも無責任であり、被曝させられた事実と比べるとあまりにも軽い。

長谷川さんは、口癖となってしまった「情けない」という言葉を繰り返しながら話す。

「今になって、「やっぱあの時期にヨウ素剤を飲ませておくべきだった」って。年間一〇〇ミリシーベルトまで大丈夫、安心だって言っていた先生がだよ。こういう記事や話がどんどん出てくるんだよ。福島県立医大に対する信頼なんて、どんどん失墜していくのよ。今でも何か他に隠しているんだべって」

長谷川さんは「だから、俺は村が行うホールボディーカウンターの検査だって一回も受けてないから」と話し、一枚の紙を見せた。

「ここに誓約書があるんだ。このデータ(被曝線量を検査した結果)を福島県立医大に送るので、同意してくださいと。でも、おかしいだろって。たとえば検査して「あなたのセシウムが三〇〇〇ベクレルあります」などという数字が出たとしても、じゃあ、その対策は何かやっているのかって。ただ測るだけ、データを取るだけじゃないか」

長谷川さんは、哀しみと悔しさと、それでも諦めきれない気持ちがないまぜになった小さな声でこう言った。

「俺ら、モルモットよ」

この「モルモット」の言葉で思い起こさなければならないことがある。今もアメリカの核政策の中で「モルモット扱い」されていると感じているヒロシマ、ナガサキの被爆者たちのことだ。

一九四五年八月六日、史上初の実戦に使用された原爆が広島で炸裂《さくれつ》し、一瞬にして無数の命を奪った。その翌々日、広島に旧日本軍の調査団が派遣された。その一週間後に敗戦を迎えた後には、さらに全国から医師や科学者が広島に動員された。軍医や大学教授など放射線医学の専門家を含む彼らが行ったのは、被爆者の治療ではない。原爆はどの範囲の人間を殺傷するのか、放射能はどのような影響を人体に与えるのか、その威力を調べるのが調査目的だった。

しかも、これらの調査は、その後の原爆症患者に役立てるために使われたわけでもない。『原子爆弾ニ依ル　広島戦災医学的調査報告書』としてまとめられたデータは、全文が日本側によって英語に翻訳され、占領軍として入ってきた米軍に渡されたのだ。

これらの事実が明るみに出たのは、戦後も六五年経った二〇一〇年のことである。しかも、それらの資料が見つかったのは、アメリカの公文書館であった（ＮＨＫスペシャル「封印された原爆報告書」二〇一〇年八月六日放送）。

このような調査は、その後に広島と長崎に設立されたアメリカの原爆傷害調査委員会（ＡＢＣＣ）に引き継がれた。治療はせず調査研究だけをするという、その方法まで踏襲するような形で。さらに、このＡＢＣＣはアメリカから日本の放射線影響研究所（放影研）に引き継がれ、日本の手によって被爆者の調査が続けられている。

『調査報告書』に研究対象として記載されていることがわかった被爆者の男性は、資料を発掘したＮＨＫの取材に、こう答えている。

「『お前、モルモットじゃ！』と言われたような気になりました」

3　疲弊する事故収束作業の現場

収束作業という戦場

震災が発生した時、福島第一原発で仕事をしていたＴさんに、二〇一三年一一月、久しぶりに再会した。前著『福島　原発震災のまち』で、事故直後の原発内の様子を語っていただいた原発労働者である。

前著でＴさんは「事故前には考えられなかったが、（原発施設内の）マンホールやピットの蓋が吹っ飛んでいて、そうした穴に足をつっ込んで捻挫することもありました。燃料が溶けているということを聞いた瞬間に爆発するんじゃないかなとも思いました」と語った。その現場は、いまどうなっているのか。

「久しぶりにフクイチ（福島第一原発）に戻った」Ｔさんは感慨深そうにこう言った。

「みんな、よくぞ、ここまでやったもんだ」

原発事故の収束作業のため、事故後から大量の新人作業員が動員された。そうした状況をTさんは、こうも表現していた。

「経験のない彼らには、ペーパードライバーがいきなりF1の自動車レースに参加したようなものなのです。だから事故が起こるのです」

それから二年半を経た福島第一原発の現場をTさんは、今度も独特の比喩で表現した。「場所によりますが」と前置きし、「個人的には、最初の頃はそれこそノルマンディー上陸作戦。硫黄島《いおう》とか沖縄。あんな感じだったんですよね」と。

『史上最大の作戦』や『D-day』『プライベート・ライアン』などハリウッド映画で描かれてきた、第二次世界大戦時の連合国軍によるヨーロッパ上陸作戦の激戦地の様子に喩《たと》えた。「硫黄島」も、アメリカの俳優クリント・イーストウッドが監督・製作を手がけ、渡辺謙が主演を務めた『硫黄島からの手紙』の戦闘シーンなどを思い浮かべればいいのだろう。「沖縄」は言うまでもなく、日本兵や地元住民だけでも一八万人以上が犠牲となった沖縄戦の惨状を想起しろということなのだろう。

そして、久しぶりに戻った現場の様子を「今はベトナム戦争」と言った。「前から三人の敵が来て、こっちからも二人が来るような。前線に行っても、敵がいるのかどうかもわからないっていう。たまに地雷があったり」だという。この言葉も、アメリカ映画で描かれるような、米軍のベトナムでのジャングル戦を想像させられる。

「地雷」というのは、「(作業現場内の放射)線量が高いところ。それとクレーンなどの吊りものをやっている時」のことだという。つまり、現場作業員にとっては福島第一原発構内の全域が「命に関わるような危険」な所というのではなく、時と場合、あるいは場所によって特に危険な所があるというのだ。

たとえば、高放射線量が作業員に周知されていない場所で被曝してしまったり、壊れた原子炉建屋に搬入するためにクレーンで吊り上げられた資材にぶつかったり、またミスで資材が落下した際にその下にいたりすることが特に危険なのだと。顔面を覆う防護マスクが作業員の視野を狭めていることもあり、そうした場所は、戦争でいえば、どこに危険が潜むともわからない地雷原に思えるようだ。やはり、アメリカ映画『プラトーン』や『フルメタルジャケット』の主人公にでもなった気分だ、と語る。

もちろん、三〇歳になったばかりのＴさんが、これらの戦場を実際に知るはずもない。私も同じである。ただ、私は二〇〇三年のイラク戦争の際、米英軍を主力とする「有志連合軍」が爆弾とミサイルの雨を降らせたイラクのバグダッドにいた。電気が絶たれ、日々食料が尽きていく中で、夜を徹しての巨大な爆発に怯《おび》える状態が続いた。Ｔさんの「ノルマンディー」「硫黄島」「沖縄」といった言葉を聞きながら、そうしたバグダッドの状況下で銃を握っていた兵士の気持ちなどを想像してみた。

「ベトナム戦争」との言葉には、やはりかつて訪れたイスラエル占領地に接する南レバノンの戦場が思い出された。そこでは、イスラエル軍が撃ち込む迫撃砲弾に怯える住民たちを取材した。

事故が頻発する作業現場

Ｔさんは、「事故直後は、何が何だかわかんない状況だった。それに食事も缶詰やパンだけのような」と語り、重要免震棟で作業衣のまま寝泊まりしたこともあった日々を思い出す。もちろん、そうした状況も今は大きく改善されたという。

「放射線量が高い所があっても、事前に同僚が調査してわかっている。放射線管理の職種の人がいるんで、ここは何ミリありますよって。それに、今は事務所に帰ってくると仕出し弁当があるわけですよ。地震前と変わらない状況です。事故前と同じような状況、働くインフラを戻すことに（東京電力の下請け企業である）うちの会社は成功したのね。それが、以前と同じような精神状態で戦うことができるという安心感につながっている。

だから、ルーティーンとして働いています。事務所に帰ってくると、同僚とくっちゃべって、戦争映画のこと話して、飯食って。そういう状況ですね」

いま働いている現場は、労働現場としては事故前の九〇％ぐらいまでに戻したと、Ｔさんは評価した。彼は、福島第一原発の現場を一時期、離れていた。その間に、現場をそこまで戻した仲間たちに対して、「みんな、よくぞ、ここまでやったもんだ」と敬意を表した。しかし言うまでもなく、そのことは、原発の収束作業全体が九〇％進んだことを意味するわけではない。

「俺の部署はパーフェクトチームなんで、ベテランしかいないんです。他の現場では班長さんをやっているようなレベルの人だけ。俺が一番、現場をわかっていないレベル」

Tさんは、事故前にすでに一〇年の原発現場での経験があり、事故直後の現場も踏んでいる。その彼をして、自分が「一番、現場をわかっていないレベル」と認めさせる力量のある同僚と、現在、仕事をしている。その一方で、労働者の技能や下請け会社の管理能力に問題があり、「〇点」と判断せざるを得ない現場もあるとTさんは話す。

「だってひどいのは、一日一万円で働いているところもあるって言います。そんなベトナム戦争のような中で、トラブルが起きています。最近だとホースを間違って外してしまったとか」

そう語り、Tさんは二〇一三年一〇月九日の事故を例に挙げた。

「「生きているホース」を、つまり汚染水が流れているやつを外してしまった作業員がいたんですよ。揺すってみるとか、最低限ライトで照らしてホースの中を透かして見るとかしなかった。その作業員は、ホースの中に水が流れていることが常識的にわかんなかったのかなって。事故前なら、電力会社の社員など、必ずホースにライトを当てて確かめるわけです。だからライトを持ち歩く。その作業員はそういう訓練をされていなかったのか、カッパも着ていなかったやつもいるとも聞きました。これ、完全に素人だなって思いました。プロじゃないやつをかき集めてやっているなって」

とにかく人手を集めることが目的となり、こうした「素人」が増えているような状況が、結局は大きな事故を招いているとTさんは分析する。核燃料を冷やしたり、原子炉建屋に溜まった汚染水を貯めるタンクが傾いて汚染水が溢れ出た大事故なども、Tさんに言わせれば、タンクの問題ではない。

「タンクを作った時も、素人がかき集められて、わからないやつが作ったわけですよ」と言い切る。

「素人の作業員が増えているうえに、それを指揮するベテランの方も、被曝放射線量が高くなってしまって数が減っている。だから事故が起こったんだ」とTさんは納得したという。

ベテラン作業員の流出と人手不足

なぜ、そんなことが起こっているのだろうか。現場では、毎日約三〇〇〇人もの労働者を必要とする。しかし、事故を起こしていない原発を廃炉にするのにさえ三〇年、あるいは四〇年かかるとも言われる。一方、福島第一原発は、一号機から三号機までが爆発し、メルトダウン（炉心溶融）どころか、溶けてしまった核燃料が原子炉を突き破って地面に流れ落ちるメルトスルーまで起こっているのではないかとも想定される。そんな原子炉の廃炉には、気の遠くなるほどの歳月を要することは明らかだろう。しかも、まだ廃炉に向けた作業の端緒についたに過ぎない段階で、すでに作業員確保に劣化が起こっているのだ。

「安い会社が、安い単価で人を集めてくる。安かろう、悪かろうですよ」とTさんは指摘する。東京電力が事故収束作業に競争入札を取り入れた結果、入札価格だけが重視され、「安い会社」が落札するようになったというのだ。

「（下請けの）会社も安い単価で仕事を取ってくるから、そういう人間を集めて仕事をさせる。日当一万円くらいの素人衆が集まってくるから」

原発での仕事は、どんな会社でも入札に参加できるわけではない。ところが、「安い会社」でも「中途半端に実績があるから」とTさんは内情を説明する。入札価格だけが問われ、以前なら入札できなかったような技術や能力しかない業者まで落札するようになったのだと。その結果、最近は以前のように現場の東京電力は再度、随意契約を増やしつつある。

もちろん、競争入札だけが作業員の技能の劣化を招いている理由ではない。実は、ここでも除染の問題が絡んでいるという。これまで原発の下請け・孫請けをしていた会社が、軒並み除染作業を請け負うようになった結果、原発での作業経験が豊富な作業員まで除染にまわっているのだ、と。

「除染のほうが原発よりかえって給料が高い。会社も収益が上がる」とTさんは言う。除染を請け負っているのは、飯舘村などでよく見られるような大手ゼネコンだけではない。原発の近隣には、原発関連の大手ゼネコンから仕事を請け負う建設関係の会社がいくつもある。実際に、地元の建設業者が除染という公共事業に回っていることは、マスコミなどでも報じられているとおりだ。

「除染のほうが年間通して長く仕事がある。少なくとも労働者は、半年は仕事がある。でも、原発だったら二カ月で被曝線量がパンクして、後は仕事がないとなるわけですよ」（「パンク」とは、法で決められた年間二〇ミリシーベルトの上限を超えることを指す。その場合、会社は、その労働者を働かせてはならない）

実は、こう語るTさん自身が一時、除染に関わっていた。そうした実感からの言葉でもある。

このように経験者が原発の作業現場から流出するなかで、下請け会社の一部は「ただ人を集めてきてぶっ込めばいいんだ。やることだってレベルが低いことで十分だし、やる人だって、わけがわからないやつをぶっ込めばいいんだ。そういう人間を何百人と集めればいい」というモラルハザードを引き起こしている、とTさんは憤る。

未来を創るため、現実の直視を

こうした不安定な状況で、長く続く事故収束作業や、廃炉作業が可能なのだろうか。そのことをTさんに聞いてみた。Tさんは考え込むように少しうつむいていたが、決意するように口を開いた。

「次世代を教育していかなければならない」

論理的には、確かにそうかもしれない。しかし、教育以前に、これまで原発で働いたこともない若い人がはたして今後、原発で働くことを自ら選ぶだろうか。その疑問を率直にTさんにぶつけてみた。

今度も、少し考えていたが、唸《うな》るように「ううん。それを言っちゃうと、収束作業ができなくなっちゃうんで」と言った。現場作業員への質問としてはいささか的外れだが、それでも私は「でも、決意だけではできないでしょう」と畳み掛けてみた。

すると、彼は「そういう深いところを考える人間は原子力発電所に来るべきではない。考えてはいけない。仕事なんだから。プロなんだから。お金をもらって仕事をする、そういうことを含めて働かなくちゃいけない」と自分に言い聞かせるように答えた。

私は、事故直後にTさんが話した言葉を思い出していた。その時、Tさんは避難所から福島第一原発の現場へ戻ってきたばかりだった。

「命を投げ出してでも作業に従事することが、今まで原子力発電所で作業してきた者の務めだと思っています」

こうした誠実で、自己に厳しい労働者によってしか、再爆発や再臨界を何とか防ぐ状態を維持し続けることはできないだろう。たとえ汚染水の海洋への大量流出が続いていても、それはTさんたち作業員の責任とは言えまい。私たちの現在および将来の暮らしの安定は、毎日、放射線を浴びながら働く彼らの存在なくしては成り立たない。こうした現実を私たちは直視しなければならない。残念ながらその状況は、たとえ直ちに全原発の廃炉を決定し、原発ゼロを実現したとしても変わらないのだ。

インタビューの最後に私はTさんに事故から二年半経って、事故を引き起こした東京電力の印象は変わったかを聞いてみた。

現場で接する東京電力の社員たちの顔を思い浮かべているのだろう。「改めて大変だなあと、苦労してんだなあと思うけれども」と前置きしながら、「けれども体質としては以前と同じ」と断じた。そして、東京電力について、こう言い切った。

「悪の帝国」

牛に食べさせられない放射能汚染された夏草が伸びる．2012年6月　相馬市

おわりに――私たちも福島を生きている

いまだ事故収束の目処もたたない福島第一原発で、被曝を覚悟で働く労働者は、東京電力を「悪の帝国」と呼んだ。その東京電力を救済するかのような原発推進政策が、いま自民党政権下で復活している。しかし、その自民党を復権させたのは、他でもない私たちの選挙における一票一票の投票だったことを忘れてはならない。私たちも原発事故と被災者を無視したような施策の責任から免れないだろう。

しかも、福島県内の放射能汚染やその被害の実態は直視されず、福島以外においては、それらはまるでなかったかのように軽視されている。その結果、私たち自身や、私たちの子や孫たちの被曝を招きかねない現状を放置したままにしている。

だが、被曝の事実や、それを原因とする疾病がわかった時に、「私も被害者だ」と声を上げたところで、もう事故前に時計の針を戻すことはできない。それは、本書の中で何人もが悔やんでいるとおりだ。にもかかわらず、私たちは自らの責任から逃れたいためか、原発事故の現実から目を背け、忘れようとしてはいないだろうか。

その忘却への抗いによってしか、次の事故を防ぐことも、被災者の救済もない――そんな思いで本書を執筆した。同時に映像で記録した事故直後からの八〇〇日間をドキュメンタリー映画『遺言――原発さえなければ』にまとめ、全国で劇場公開する。本書および前著『福島　原発震災のまち』は、この映画と姉妹をなす。映像と活字・写真という表現の違いはあるが、ともに原発事故後の今と未来を生きる福島の人びと、そして私たち自身を見つめ直す一助になればとの思いからまとめたものである。それが、本書のタイトルを「福島に生きる人びと」ではなく、「福島を生きる人びと」とした理由でもある。

二〇一四年二月

豊田直巳

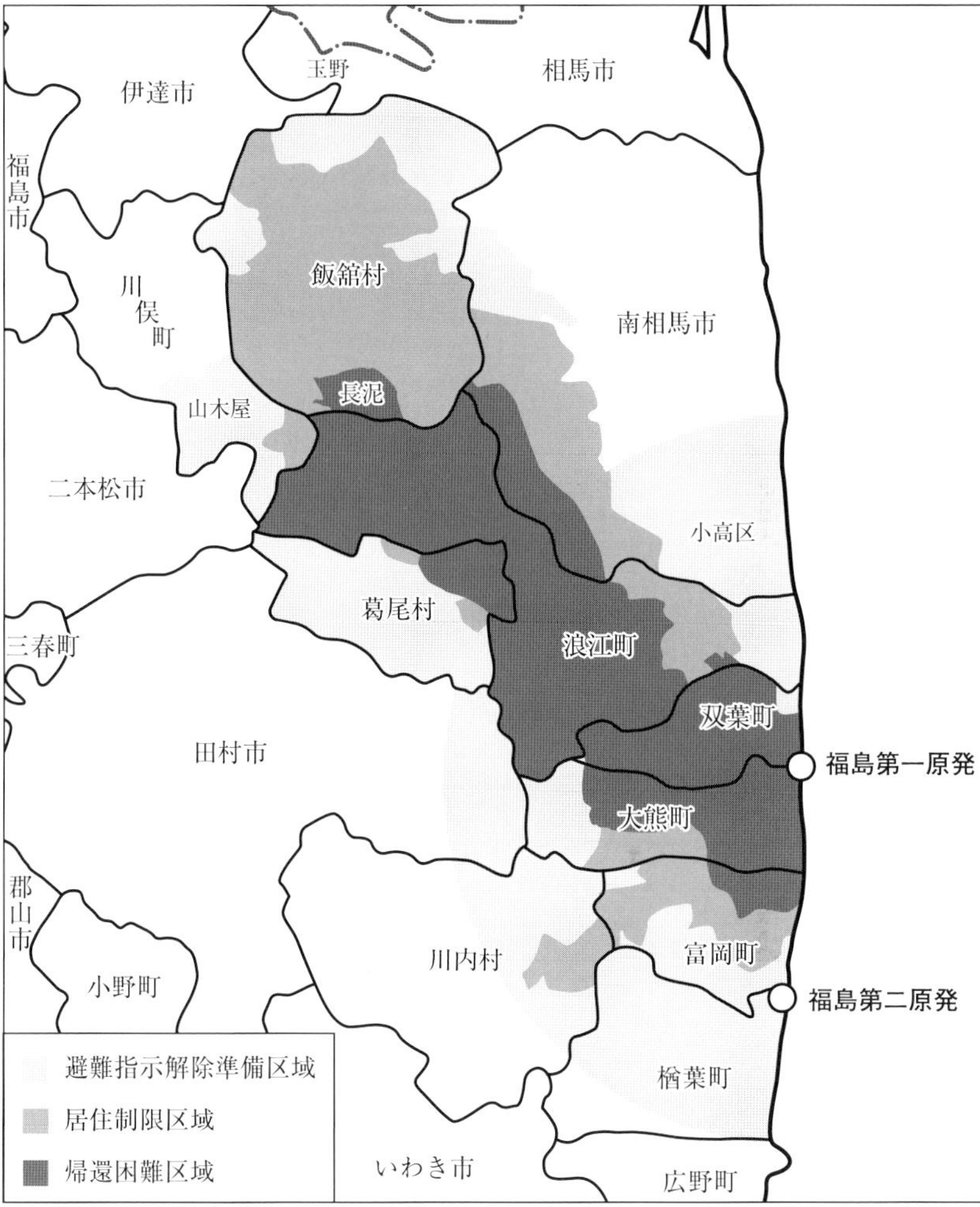

福島県内の避難区域などの再編

避難指示解除準備区域：放射線被曝の年間積算線量が 20 ミリシーベルト以下の地域．

居住制限区域：年間 20 ミリシーベルトを超えるおそれがあり，被曝量低減の観点から避難の継続を求める地域．

帰還困難区域：5 年を経過しても年間 20 ミリシーベルトを下回らないおそれのある，年間 50 ミリシーベルト超の地域．

（出所）原子力災害対策特別措置法の参考図をもとに作成．

豊田直巳

フォトジャーナリスト．日本ビジュアル・ジャーナリスト協会(JVJA)会員．1956年静岡県生まれ．1983年よりパレスチナ取材を開始．1995年以降は中東のみならず，アジア，バルカン半島，アフリカなどの紛争地をめぐり，そこに暮らす人びとの日常を取材している．2011年3月11日に発生した東日本大震災・原発事故の翌日から，福島の現地に入り，取材を開始した．2003年，平和・協同ジャーナリスト基金賞奨励賞受賞．

著書に『戦争を止めたい——フォトジャーナリストの見る世界』(岩波ジュニア新書)，『フォト・ルポルタージュ　福島　原発震災のまち』(岩波ブックレット)，『フクシマ元年』(毎日新聞社)，写真集に『イラク　爆撃と占領の日々』(岩波書店)，『イラクの子供たち』『パレスチナの子供たち』『大津波アチェの子供たち』(以上，第三書館)など．

2013年，ドキュメンタリー映画『遺言——原発さえなければ』(野田雅也氏との共同監督)を完成．

ツイッター：@NaomiTOYODA
映画『遺言——原発さえなければ』公式サイト
：http://yuigon-fukushima.com/

フォト・ルポルタージュ
福島を生きる人びと
岩波ブックレット 893

2014年3月4日　第1刷発行

著　者　豊《とよ》田《だ》直《なお》巳《み》

発行者　岡本　厚

発行所　株式会社　岩波書店
〒101-8002 東京都千代田区一ツ橋 2-5-5
電話案内 03-5210-4000　販売部 03-5210-4111
ブックレット編集部 03-5210-4069
http://www.iwanami.co.jp/hensyu/booklet/

印刷・製本　法令印刷　　装丁　副田高行　　表紙イラスト　藤原ヒロコ

© Naomi Toyoda 2014
ISBN 978-4-00-270893-5　　Printed in Japan